新编五年制高等职业教育教材

计算机应用基础

主　　编　刘晓川

副主编　杨　刚　未　培　姚　羽

编写人员（以姓氏笔画为序）

万　进　　王玉宝　　未　培

刘晓川　　杨　刚　　陈　刚

李家万　　姚　羽

北京师范大学出版集团
BEIJING NORMAL UNIVERSITY PUBLISHING GROUP

安徽大学出版社

图书在版编目(CIP)数据

计算机应用基础/刘晓川主编. —合肥:安徽大学出版社,2014.5
新编五年制高等职业教育教材
ISBN 978-7-5664-0761-0

Ⅰ.①计… Ⅱ.①刘… Ⅲ.①电子计算机-高等职业教育-教材 Ⅳ.①TP3

中国版本图书馆 CIP 数据核字(2014)第 102946 号

计算机应用基础

刘晓川　**主编**

出版发行:北京师范大学出版集团
安徽大学出版社
(安徽省合肥市肥西路 3 号 邮编 230039)
www.bnupg.com.cn
www.ahupress.com.cn
印　　刷:中国科学技术大学印刷厂
经　　销:全国新华书店
开　　本:184mm×260mm
印　　张:14
字　　数:345 千字
版　　次:2014 年 5 月第 1 版
印　　次:2014 年 5 月第 1 次印刷
定　　价:25.00 元
ISBN 978-7-5664-0761-0

策划编辑:李 梅 蒋 芳	**装帧设计**:李　军
责任编辑:蒋　芳	**美术编辑**:李　军
责任校对:程中业	**责任印制**:赵明炎

前　言

　　计算机是 20 世纪科学技术最卓越的成就之一，在当今及未来的学习和工作中，能否掌握计算机基础知识和基本技能，将成为衡量一个人科学文化素质高低的重要标志之一。

　　计算机应用基础课程是五年制高职学生必修的一门公共基础课，本课程的任务有：

　　1.使学生了解、掌握计算机应用基础知识，提高学生计算机基本操作、办公应用、网络应用、多媒体技术应用等方面的技能，使学生初步具有利用计算机解决学习、工作、生活中常见问题的能力。

　　2.使学生能够根据职业需求运用计算机，体验利用计算机技术获取信息、处理信息、分析信息、发布信息的过程，逐渐养成独立思考、主动探究的学习方法，培养严谨的科学态度和团队协作意识。

　　3.使学生树立知识产权意识，了解并能够遵守社会公共道德规范和相关法律、法规，自觉抵制不良信息，依法进行信息技术活动。

　　本书内容以项目引导、任务驱动方式组织理论知识与实践技能训练，结构清晰、内容详尽、实用性强。根据实际职业岗位的典型工作任务，编者精心设计了一组教学项目，并根据学生认知规律将项目划分为若干实用性强的任务，以任务完成的过程为主线，将理论知识融入到解决任务的工作过程中，力求达到"操作技能熟练，理论知识够用"的教学目标。

　　本书是"教学做一体化"教学改革的产物，是教学做一体化教材。在介绍最基本的实用知识和操作技能的基础上，力求突出教学内容的可操作性，因此建议直接在机房上课，并尽可能采用计算机多媒体投影设备，教、学、做相结合，在教学中要引导学生边学习、边看书、边操作，让学生由简到繁、由易到难，循序渐进地完成学习任务。

本书参编作者均为高职院校一线教师。由安徽职业技术学院刘晓川任主编并编写项目七，安徽工商职业学院未培编写项目一，合肥信息技术职业学院李家万编写项目二，安徽医学高等专科学校万进编写项目三，安徽职业技术学院杨刚编写项目四，安徽新闻出版职业技术学院陈刚编写项目五，皖西卫生职业学院王玉宝编写项目六。全书由刘晓川、安徽工业经济职业技术学院姚羽进行统稿。

　　在本书编写的过程中，作者参考了大量相关文献和网站资料，在此向这些文献的作者和网站管理者深表感谢。由于作者水平有限，书中难免存在错误和不足之处，恳请广大读者批评指正，以促进本教材更加完善。

编　　者

2014 年 1 月

内容提要

　　本书是根据《五年制高职计算机应用基础教学大纲》的要求并结合五年制高职学生的特点编写而成。编者针对五年制高职教育教学的培养目标，根据职业教育教学改革的需要，采用"教学做一体化"的教学方法组织编写了这本以培养学生的实际动手和操作能力为目的的一体化教材。本书共有 7 个部分，内容包括认识计算机与信息技术、管理计算机与信息、使用因特网检索信息、使用 Word 2007 编辑文档、使用 Excel 2007 制作表格、使用多媒体技术处理信息、使用 PowerPoint 2007 制作演示文稿。

　　本书是"教学做一体化"教学改革的产物，参编作者均为高职院校一线教师。本书内容以项目引导、任务驱动方式组织理论知识与实践技能训练，结构清晰、内容详尽、实用性强。

　　本书既可作为五年制高职计算机应用基础课程教材，也可作为计算机爱好者的培训教材或技术参考书。

目 录

项目一

认识计算机与信息技术

 学习情境

为了适应信息化社会的发展,提高工作效率,某公司新购买了一款办公软件,但公司员工多数对计算机了解甚少,为了让企业员工能顺利使用办公软件,需要对员工进行一次计算机基础知识与应用的培训。通过培训让员工了解计算机的发展、主要组成部件、基本操作及计算机病毒与安全使用等。员工只有掌握了计算机的基础知识后,才能更好地使用办公软件。

本项目主要包括以下任务:

↳ 走进计算机世界

↳ 掌握计算机中的数据表示

↳ 揭开计算机的神秘面纱

↳ 认识计算机硬件的主要配置

↳ 掌握计算机的基本操作

↳ 安全使用计算机

任务一　走进计算机世界

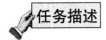 **任务描述**

在本任务中,通过学习让同学们对计算机不再陌生,使同学们通过认识日常生活中常见的计算机,进而引入计算机的诞生、发展与应用、信息技术与计算机文化等知识,让同学们对计算机能有初步的认识。本任务主要完成以下内容的学习:

➤ 认识常见的计算机　　　　　➤ 回顾计算机的发展历史

➤ 掌握计算机的分类　　　　　➤ 了解计算机的应用领域

➤ 了解未来计算机的发展趋势　➤ 了解信息技术与计算机文化

任务实施

1.认识常见的计算机

计算机的类型多样,差异也比较大。在日常生活中,比较常见的计算机有台式电脑、笔记本电脑、一体机电脑及平板电脑等。

(1)台式电脑

台式电脑因需要放置在电脑桌或者专门的工作台上而得名,其主机、显示器等设备一般都是相对独立的,如图1-1所示。相对于笔记本电脑来说,台式电脑体积相对较大,散热与运行性能相对较好。

图1-1　台式电脑

(2)笔记本电脑

笔记本电脑又被称为"便携式电脑"、"手提电脑"等,如图1-2所示。其机身小巧、轻便,易于携带,虽然笔记本的机身十分轻便,但是完全不用怀疑其应用性,在日常办公、娱乐应用中,笔记本电脑完全可以胜任。笔记本电脑按照配置和性能还可分为上网本和超级本等类型。

图1-2　笔记本电脑

(3)一体机电脑

一体机电脑是目前台式机和笔记本电脑之间的一个新型的市场产物,它将主机、显示器整合到一起,该产品的创新在于内部元件的高度集成,如图1-3所示。随着无线技术的发展,电脑一体机的键盘、鼠标与显示器可实现无线连接,机器只有一根电源线。

(4)平板电脑

平板电脑是一款无须翻盖、没有键盘的小型、方便携带的个人电脑,以触摸屏作为基本的输入设备,如图1-4所示。用户可以通过触控笔或数字笔在触摸屏上进行作业,而不是传统的键盘或鼠标。用户也可以通过内置的手写识别、屏幕上的软键盘、语音识别或者一个真正的外接键盘来实现输入操作。

平板电脑的操作系统主要有 Android(安卓)系统、IOS(苹果)系统、Windows(微软)系统 3 种,不同的系统支持的安装软件类型不同。

图 1-3　一体机电脑

图 1-4　平板电脑

2.回顾计算机的发展历史

英国科学家艾兰·图灵于 1936 年提出了现代计算机的理论模型。这个模型由处理器、读写头和存储带组成,由处理器控制读写头在存储带上左右移动写入或读出字符,该模型对现代数字计算机的一般结构、可实现性和局限性产生了很大的影响。后来,美籍匈牙利科学家冯·诺依曼提出使用二进制将计算指令和数据事先存放在存储器中,由处理部件完成计算、存储、通信等工作,并对所有计算进行集中的顺序控制,重复"寻址→取指令→翻译指令→执行指令"的运行过程。这种模式确立了现代计算机的基本结构。

1946 年 2 月 15 日,美国物理学家莫奇利和他的学生埃克特在宾夕法尼亚大学研制出了世界上第一台全自动电子数值积分计算机(Electronic Numerical Integrator And Calculator,ENIAC)。ENIAC 使用了 18800 个电子管,占地约 170 m²,重约 30 t,功率达 150 kW,每秒运算 5000 次。虽然它与当今计算机相比是很落后的,但是 ENIAC 却标志着人类从此进入了电子计算机时代。

计算机诞生至今,由于构成其基本部件的电子器件发生了几次重大的变化,使计算机技术得到突飞猛进的发展。人们按计算机所采用的主要电子器件的不同,将计算机的发展历史划分为四代。

(1)第一代计算机(1946—1957 年)

第一代计算机主要采用电子管作为计算机的基本逻辑部件,具有体积大、耗电量多、可靠性差、速度慢、维护困难等特点。在软件方面,第一代计算机主要使用机器语言来进行程序的开发设计(20 世纪 50 年代中期开始使用汇编语言)。这一代计算机主要用于科学计算领域,其中具有代表意义的有 ENIAC、EDVAC、EDSAC、UNIVAC 等。

(2)第二代计算机(1958—1964 年)

第二代计算机采用半导体晶体管电子元件,计算速度和可靠性都有了大幅度的提高。人们开始使用计算机高级语言(如 Fortran 语言、COBOL 语言等)。计算机的应用范围开始扩大,由科学计算领域扩展到数据处理、事务处理及自动控制领域。在这一时期,典型产品有 IBM 1400 和 IBM 1600 等。

(3)第三代计算机(1965—1970 年)

第三代计算机的电子元件主要采用中、小规模的集成电路,计算机的体积、重量进一步减小,运算速度和可靠性进一步提高。特别是在软件方面,操作系统的出现使计算机的功能越来越强。此时,计算机的应用又扩展到文字处理、企业管理、交通管理、情报检索等领域。这一时期,具有代表意义的计算机有 Honeywell 6000 系列和 IBM 360 系列等。这时 BASIC 语言作为一种简单易学的高级语言开始被广泛使用。

(4)第四代计算机(1970 年至今)

第四代计算机是采用大规模集成电路和超大规模集成电路制造的计算机。这时软件技术获得飞速发展,并行处理技术、多机系统、数据库系统、分布式系统和网络技术等都更加成熟,并开始了智能模拟等研究。在第四代计算机的发展过程中,仅以 Intel 公司为微型机研制的微处理器(CPU)而论,就经历了 4004、8080、8086、80286、80386、80486、Pentium、Pentium Ⅱ、Pentium Ⅲ、Pentium Ⅳ、Core 多核等若干代。

3.掌握计算机的分类

(1)按功能分类

从功能上计算机一般可分为专用计算机和通用计算机。专用计算机功能单一、可靠性高、结构简单、适应性差,但在特定用途下最有效、最经济、最快速,是其他计算机无法替代的,如军事系统、银行系统用的计算机属专用计算机。通用计算机功能齐全,适应性强,目前人们所使用的大多是通用计算机。

(2)按规模分类

按照计算机规模,并参考其运算速度、输入输出能力和存储能力等因素,通常将计算机分为巨型机、大型机、中型机、小型机和微型机等。

巨型机运算速度快、存储量大、结构复杂、价格昂贵,主要用于尖端科学研究领域,如 IBM 390 系列、银河机等。

大型机规模次于巨型机,有比较完善的指令系统和丰富的外部设备,主要用于计算机网络和大型计算机中心,如 IBM 4300。

中型机的规模小于大型机,但大于小型机。

小型机较大型机成本较低,维护也较容易。小型机用途广泛,既可用于科学计算和数据处理,也可用于生产过程自动控制、数据采集及分析处理等。

微型机采用微处理器、半导体存储器和输入输出接口等芯片组成,使得它较之小型机体积更小、价格更低、灵活性更好、可靠性更高、使用更加方便。目前,许多微型机的性能已超过以前的大中型机。

(3)按工作模式分类

按照工作模式可以将计算机分为服务器和工作站两类。

服务器是一种可供网络用户共享资源的高性能计算机,一般具有大容量的存储设备和丰富的外部设备,因其需运行网络操作系统并提供网络服务,故要求有较高的运行速度,为此,很多服务器都配置了多个 CPU。

工作站易于联网,配有大容量主存,大屏幕显示器,特别适用于 CAD/CAM 和办公自动化。

4.了解计算机的应用领域

计算机具有运算速度快、逻辑判断能力强、存储容量大和存取速度快等特性,它在现代人类社会的各种活动领域都将成为越来越重要的工具。

计算机的应用范围相当广泛,涉及科学研究、军事技术、信息管理、工农业生产、文化教育等各个方面,主要可概括为以下几个方面:

(1)科学计算(数值计算)

科学计算是计算机最重要的应用之一,如工程设计、地震预测、气象预报、火箭和卫星发射等都需要由计算机承担庞大复杂的计算任务。

(2)数据处理(信息管理)

当前计算机应用最为广泛的是数据处理。人们用计算机收集、记录数据,经过加工产生新的信息形式。

(3)过程控制(实时控制)

计算机是生产自动化的基本技术工具,它对生产自动化的影响有两个方面:一是在自动控制理论上,现代控制理论处理复杂的多变量控制问题,其数学工具是矩阵方程和向量空间,必须使用计算机求解;二是在自动控制系统的组织上,计算机按照设计者预先规定的目标和计算程序以及反馈装置提供的信息,指挥执行机构动作。在综合自动化系统中,计算机赋予自动控制系统越来越大的智能性。

(4)网络通信

现代通信技术与计算机技术相结合,构成联机系统和计算机网络,这是微型机具有广阔前途的一个应用领域。计算机网络的建立,不仅可以解决一个地区、一个国家中计算机之间的通信和网络内各种资源的共享,还可以促进和发展国际上的通信和各种数据的传输与处理。

(5)计算机辅助工程

计算机辅助设计(CAD),即利用计算机高速处理、大容量存储和图形处理的功能而使辅助设计人员进行产品设计的技术。计算机辅助设计技术已广泛应用于电路设计、机械设计、土木建筑设计以及服装设计等各个方面。

计算机辅助制造(CAM),即在机器制造业中,利用计算机及各种数控机床和设备,自动完成离散产品的加工、装配、检测和包装等制造过程的技术。

计算机辅助教学(CAI),即学生通过与计算机系统之间的对话实现教学的技术。

其他计算机辅助系统,例如,利用计算机辅助产品测试的计算机辅助测试(CAT),利用计算机对学生的教学、训练和对教学事务进行管理的计算机辅助教育(CAE),利用计算机对文字、图像等信息进行处理、编辑、排版的计算机辅助出版系统(CAP)等。

(6)人工智能

人工智能是利用计算机模拟人类某些智能行为(如感知、思维、推理、学习等)的理论和技术。它是在计算机科学、控制论等基础上发展起来的边缘学科,包括专家系统、机器翻译、自然语言理解等。

（7）电子商务

电子商务（E-Business）是指利用计算机和网络进行的商务活动，具体地说，是指综合利用 LAN（局域网）、Intranet（企业内部网）和 Internet（因特网）进行商品与服务交易、金融汇兑、网络广告或提供娱乐节目等商业活动。交易的双方可以是企业与企业（B to B），也可以是企业与消费者（B to C）。电子商务是一种比传统商务更好的商务方式，它是通过网络完成核心业务，改善售后服务，缩短周转周期，从有限的资源中获得更大的收益，从而达到销售商品的目的，同时，为人们提供新的商业机会、市场需求以及各种挑战。

5. 了解未来计算机的发展趋势

计算机未来的发展趋势是巨型化、微型化、网络化、智能化及多媒体化。

（1）巨型化

"巨型化"是指发展速度快、存储容量大和功能更强的巨型计算机。巨型计算机代表了一个国家科学技术和工业发展的水平。目前每秒千万亿次的巨型计算机已经投入使用，更快的巨型计算机也正在研制当中。巨型计算机主要应用在天文、气象、地质、航空、航天等尖端的科学技术领域。

（2）微型化

"微型化"是指体积更小的微型计算机。各种便携式和手掌式计算机已经大量投入使用。

（3）网络化

"网络化"是指把计算机组成更广泛的网络，以实现资源共享及信息交换。网络化是当今计算机的发展趋势，Internet 的迅速发展就充分地说明了这一点。计算机网络是信息社会的重要技术基础。网络化可以充分利用计算机的宝贵资源，并扩大计算机的使用范围，为用户提供方便、及时、可靠和灵活的信息服务。

（4）智能化

"智能化"是指使计算机可以模拟人的感觉，并具有类似人的思维能力，如推理、判断、感觉等，从而使计算机成为智能计算机。对智能化的研究包括模式识别、自然语言的生成与理解、定理自动证明、自动程序设计、学习系统和智能机器人等内容。

（5）多媒体化

"多媒体化"是指计算机可处理数字、文字、图像、图形、视频及音频等多种信息。多媒体技术使多种信息建立了有机的联系，集成为一个具有交互性能的系统。多媒体计算机将真正改善人机界面，使计算机向人类接受和处理信息的最自然方式发展。

6. 了解信息技术与计算机文化

（1）信息技术

"信息技术"是用于管理和处理信息所采用的各种技术的总称。它主要是应用计算机科学和通信技术来设计、开发、安装和实施信息系统及应用软件。它也常被称为

"信息和通信技术",主要包括传感技术、计算机技术和通信技术。信息技术以数字化、网络化、多媒体化、智能化、虚拟化以及海量数据为主要特征。

随着人们越来越多地利用计算机生产、处理、交换和传播各种形式的信息,各行各业的信息化不断发展,社会经济发展正处在信息时代高速发展的阶段,信息技术代表着当今先进生产力的发展方向,这也促使世界各国大力发展信息产业。

（2）计算机文化

所谓"计算机文化",就是人类经济社会的方方面面,广泛地应用现代信息技术,有效地开发利用信息资源而产生的一种崭新文化形态,这种崭新的文化形态可以体现为:

① 计算机理论及其技术已经渗透到经济生活的方方面面,并形成了一套完备的理论体系。

② 计算机已经成为一种新的生产力,它所产生的价值极大地丰富了人们的物质生活。

③ 计算机技术的应用已深入到人们的日常生活,从而创造和形成的科学思想、科学方法、科学精神、价值标准等也成为了一种崭新的文化观念。

信息技术和计算机文化在为人们的生产生活提供便利的同时,也给人们带来了一些负面影响,诸如网络安全与网络犯罪（病毒、黑客等）、信息爆炸与信息污染（垃圾信息、虚假信息、色情等不健康信息等）、网络侵权与信息渗透（侵犯隐私、知识产权、西方价值观与人生观等）,这些均严重危及国家安全、社会稳定及人们日常生活等方面。

任务二　掌握计算机中的数据表示

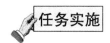　任务描述

在本任务中,同学们将了解计算机中数据的表示方法,将对计算机有进一步的了解,同时还要掌握数据转换的计算方法。本任务主要完成以下内容的学习:

➤ 认识计算机中的数据表示方法　　　➤ 掌握计算机中的信息单位

➤ 掌握常见数制的转换

　任务实施

1.认识计算机中的数据表示方法

计算机中的信息都是用二进制编码表示的。用以表示字符的二进制编码称为"字符编码"。在计算机中,对非数值的文字和其他符号进行处理时,要对文字和符号进行

数字化处理,即用二进制编码来表示文字和符号。字符编码就是规定用怎样的二进制编码来表示文字和符号。字符编码是一个涉及世界范围内有关信息的表示、交换、处理、存储的基本问题,因此,都是以国家标准或国际标准的形式颁布施行的,如 ASCII 码、汉字编码等。

在输入过程中,系统自动将用户输入的各种数据按编码的类型转换成相应的二进制形式存入计算机存储单元中。在输出过程中,再由系统自动将二进制编码数据转换成用户可以识别的数据格式输出给用户。

(1)ASCII 码

ASCII(American Standard Code for Information Interchange)码是美国标准信息交换码,被国际标准化组织(ISO)指定为国际标准。ASCII 码有 7 位码和 8 位码两种版本。国际通用的 7 位 ASCII 码称为"ISO-646 标准",用 7 位二进制数表示一个字符的编码,其编码范围从 0000000~1111111,共有 128 个不同的编码值,相应可以表示 128 个不同字符的编码。7 位 ASCII 码表中对大小写英文字母、阿拉伯数字、标点符号及控制符等特殊符号规定了编码,共 128 个字符,每个字符都对应一个数值,称为"该字符的 ASCII 码值"。例如,数字"0"的 ASCII 码值为 0110000B(B 表示二进制数),字母"A"的 ASCII 码值为 1000001B,字母"a"的 ASCII 码值为 1100001B 等。在这 128 个编码中,有 34 个控制符编码和 94 个字符编码。计算机内部用一个字节(8 个二进制位)存放一个 7 位 ASCII 码,最高位置 0,标准 ASCII 码字符集如表 1-1 所示。

表 1-1　标准 ASCII 码字符集

$b_3 b_2 b_1 b_0$ \ $b_6 b_5 b_4$	000	001	010	011	100	101	110	111
0000	NUL	DLE	SP	0	@	P	`	p
0001	SOH	DC1	!	1	A	Q	a	q
0010	STX	DC2	"	2	B	R	b	r
0011	ETX	DC3	#	3	C	S	c	s
0100	EOT	DC4	$	4	D	T	d	t
0101	ENQ	NAK	%	5	E	U	e	u
0110	ACK	SYN	&	6	F	V	f	v
0111	BEL	ETB	'	7	G	W	g	w
1000	BS	CAN	(	8	H	X	h	x
1001	HT	EM	)	9	I	Y	i	y
1010	LF	SUB	*	:	J	Z	j	z
1011	VT	ESC	+	;	K	[	k	{
1100	FF	FS	,	<	L	\	l		
1101	CR	GS	—	=	M	]	m	}
1110	SO	RS	•	>	N	^	n	~
1111	SI	US	/	?	O	—	o	DEL

（2）汉字编码

ASCII 码只给出了英文字母、数字和标点符号等的编码。为了用计算机处理汉字，同样也需要对汉字进行编码。从汉字编码的角度看，计算机对汉字信息的处理过程实际上是各种汉字编码间的转换过程。这些编码主要包括汉字信息交换码、机内码、汉字输入码和汉字字形码等。它们的名称可能不统一，但它们表示的含义和具有的职能是明确的，下面分别对这些编码进行介绍。

① 汉字信息交换码（国标码）。汉字信息交换码是用于汉字信息处理系统之间或者与通信系统进行信息交换的汉字代码，简称"交换码"，也叫"国标码"。它是为使系统、设备之间交换信息时采用统一的形式而制定的。1981 年，我国颁布了国家标准《信息交换用汉字编码字符集——基本集》，代号为 GB 2312-80，即国标码。

国标码与 ASCII 码属同一制式，可以认为它是扩充的 ASCII 码。7 位 ASCII 码可以表示 128 个信息，其中字符代码有 94 个。国标码以 94 个字符代码为基础，其中任何两个代码组成一个汉字交换码，即由两个字节表示一个汉字字符。第一个字节称为"区"，第二个字节称为"位"。这样，该字符集共有 94 个区，每个区有 94 个位，最多可以组成 94×94 字＝8836 字。

在国标码表中，共收录了一、二级汉字和图形符号 7445 个。其中，图形符号 682 个，分布在 1～15 区；一级汉字（常用汉字）3755 个，按汉语拼音字母顺序排列，分布在 16～55 区；二级汉字（不常用汉字）3008 个，按偏旁部首排列，分布在 56～87 区；88 区以后为空白区，有待扩展。

国标码本身也是一种汉字输入码，由区号和位号共 4 位十进制数组成，通常称为"区位码"。在区位码中，两位区号在高位，两位位号在低位。区位码可以唯一确定一个汉字或字符，反之，任何一个汉字或字符都对应唯一的区位码。

区位码的最大特点是没有重码，虽然它不是一种常用的输入方式，但是对于其他输入方法难以找到的汉字，区位码能很容易找到，只需要一张区位码表与之对应。

② 机内码。机内码是指在计算机中表示一个汉字的编码。正是由于机内码的存在，输入汉字时就允许用户根据自己的习惯使用不同的汉字输入码，如拼音法、五笔字型、自然码、区位码，进入系统后再统一转换成机内码存储。国标码也属于一种机器内部编码，其主要用途是将不同的系统使用的不同编码统一转换成国标码，使不同系统之间的汉字信息相互交换。

机内码一般都采用国标码的另一种表示形式，即变形的国标码，将每个字节的最高位置 1。这种形式避免了国标码与 ASCII 码的二义性，通过最高位来区别是 ASCII 码字符还是汉字字符。

③ 汉字输入码（外码）。汉字输入码是为了将汉字通过键盘输入计算机而设计的编码。汉字输入码方案很多，其表示形式大多用字母、数字或符号。输入码的长度也不同，多数为 4 个字节。

④ 汉字字形码。汉字字形码是指汉字字库中存储的汉字字形的数字化信息。目

前,汉字信息处理系统中产生汉字字形的方式大多是数字式的,即以点阵的方式形成汉字。因此,汉字字形码主要是指汉字字形点阵的代码。

将汉字的字形分解为点阵,如同用一块窗纱蒙在一个汉字上一样,有笔画的网眼规定为1,无笔画的网眼规定为0,整块窗纱上的0和1数码就表示该汉字的字形点阵。

汉字的字形点阵有 16×16 点阵、24×24 点阵、32×32 点阵等。点阵分解越细,字形质量越好,但所需存储量也越大。一位二进制可以表示点阵中一个点的信息,如 16×16 点阵的字形码需要 32 B(16×16÷8＝32 B),而 24×24 点阵的字形码需要 72 B(24×24÷8＝72 B)。

2.掌握计算机中的信息单位

计算机中的信息单位主要有位、字节、字等。位是计算机存储数据的最小单位,即二进制数中的每一数位称为“一个位”,记为“位”(bit,比特,简写为 b)。字节(Byte,简写为 B)由 8 位二进制数组成。为了描述大量数据,又定义了 KB(千字节)、MB(兆字节)、GB(吉字节)、TB(太字节)、PB(拍字节)等概念。它们遵循如下的规律,即后者是前者的 2^{10} 倍,如 1 KB=2^{10} B=1024 B、1 MB=2^{10} KB=1024 KB 等。字(Word)是计算机运算器进行一次基本运算所能处理的数据位数,一般由若干个字节构成,字的长度就是字长,是计算机运行速度的重要指标。

3.掌握常见数制的转换

前面提到了计算机中的信息都是用二进制表示的,而日常生活中我们已习惯用十进制计数,另外,二进制编码位数长,为了便于书写和记忆,还经常用八进制或十六进制进行表示。那二进制、八进制、十六进制以及十进制数据是怎样进行转换的呢?下面将简单介绍数制的概念及整数数据的转换方法。

(1)数制三要素

数制,全称为“进位计数制”。它是人们利用符号来计数的方法。进位计数制有很多种,在计算机中常用的数制有:二进制(Binary)、八进制(Octal)、十进制(Decimal)和十六进制(Hex)。任何一种数制都包含以下 3 个要素:

① 数码。用不同的数字符号来表示一种数制的数值,这些数字符号称为“数码”。

② 基数。某种数制所使用的进制数称为“基数”。

③ 位权。某种数制每一位所具有的值称为“位权”。

以十进制为例,其计数规律是逢十进一,数码为 0 到 9,基数为 10,位权有 10^0(即个位)、10^1(即十位)、10^2(即百位)……而十六进制,其数码为 0 到 9、A(10)、B(11)、C(12)、D(13)、E(14)、F(15),基数为 16,位权有 16^0、16^1、16^2 等。

（2）二、八、十、十六进制对应表

表 1-2 给出了二、八、十、十六进制对应表。

表 1-2　二、八、十、十六进制对应表

二进制	八进制	十进制	十六进制
0000	0	0	0
0001	1	1	1
0010	2	2	2
0011	3	3	3
0100	4	4	4
0101	5	5	5
0110	6	6	6
0111	7	7	7
1000	10	8	8
1001	11	9	9
1010	12	10	A
1011	13	11	B
1100	14	12	C
1101	15	13	D
1110	16	14	E
1111	17	15	F

（3）二进制、八进制、十进制、十六进制之间的转换

① 二进制、八进制、十六进制转换为十进制。二进制、八进制、十六进制可以通过按权展开的方法得到其相应的十进制数。权是指在某种进位计数制中，某一数位所代表的大小，例如，十进制数 576 的 7 所在的位置权值为 10，是 1 就表示 10，是 7 就表示 70，二进制数 101 的最高位 1 所在的位置权值为 2^2，是 1 就表示 $4(1 \times 2^2)$。下面举例说明。

【例 1-1】 将二进制数 110010B 转换为十进制数。

解：按权展开

$110010B = 1 \times 2^5 + 1 \times 2^4 + 0 \times 2^3 + 0 \times 2^2 + 1 \times 2^1 + 0 \times 2^0 = 32 + 16 + 2 = 50$

【例 1-2】 将十六进制数 7AB 转换为十进制数。

解：按权展开

$7ABH = 7 \times 16^2 + A \times 16^1 + B \times 16^0 = 1792 + 10 \times 16 + 11 = 1963$

② 十进制转换为二进制、八进制、十六进制。十进制转换为二进制、八进制、十六进制数时，通常采用除以 2、8、16 取余的方法。下面通过一个十进制数转换为二进制

数的例子介绍具体转换的方法。

【例 1-3】 将十进制数 123D 转换为二进制数

解：采用除以 2 取余的方法：123÷2＝61　余数为 1

　　　　　　　　　　　　　　61÷2＝30　余数为 1

　　　　　　　　　　　　　　30÷2＝15　余数为 0

　　　　　　　　　　　　　　15÷2＝7　余数为 1

　　　　　　　　　　　　　　7÷2＝3　余数为 1

　　　　　　　　　　　　　　3÷2＝1　余数为 1

　　　　　　　　　　　　　　1÷2＝0　余数为 1　……至此已除完

读数时由下向上读，也就是最先得到的余数为最低位，最后得到的数为最高位。

$$123D=1111011B$$

也可以采用倒除法（竖式）更直观一些，如：

```
2 | 123    余数:          位置:
  2 | 61 ·············1    最低位   ↑
    2 | 30 ···········1          由
      2 | 15 ·········0          下
        2 | 7 ········1          向
          2 | 3 ······1          上
            2 | 1 ····1          读
                  0 ··1    最高位  余
                                  数
```

十进制转换为八进制、十六进制的方法与前述方法类似，不再赘述。转换为十六进制数时要注意：得到的余数大于 9 时，用 A 表示 10，用 B 表示 11，用 C 表示 12，用 D 表示 13，用 E 表示 14，用 F 表示 15。

③ 二进制与八进制、十六进制之间的转换。由于 $2^3=8$，可得三位二进制数可用一位八进制数表示，一位八进制数可转换为三位二进制数。转换的具体方法是：二进制转换为八进制时，从低位向高位开始，每三位二进制数为一组，不足三位的，在高位补 0，然后分别用一位八进制数来表示这些分组即可，如例 1-4。

同理，由于 $2^4=16$，二进制转换为十六进制的方法可以采用四位一组的方法进行转换，同二进制与八进制之间的转换类似，在此不再赘述。

【例 1-4】 将二进制数 11101B 转换为八进制数

解：

```
补充的0→ 0 1 1   1 0 1 ←从低位开始分组
         ‿‿‿    ‿‿‿
          3       5
         11101B=35O
```

八进制转换为二进制是二进制转换为八进制的逆过程,可以将每位八进制数替换为三位二进制数即可。

【例 1-5】 将八进制数 413O 转换为二进制数。

解:

$$4 \quad 1 \quad 3$$
$$1 0 0 \quad 0 0 1 \quad 0 1 1$$
$$413O=100001011B$$

④ 八进制与十六进制之间的转换。由于八进制与二进制之间的转换、十六进制与二进制之间的转换都比较方便,因此八进制与十六进制之间的转换通常可以借助于二进制来实现,可以先将八进制(十六进制)转换为二进制,然后再将该二进制转换为十六进制(八进制)。

任务三 揭开计算机的神秘面纱

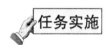

在本任务中,通过对计算机软硬件系统的学习,掌握计算机的工作原理,使同学们对计算机不再感到神秘。本任务主要完成以下内容的学习:

- ➢ 了解计算机系统的组成
- ➢ 了解计算机的硬件组成
- ➢ 了解计算机的软件系统的组成

任务实施

1.了解计算机系统的组成

一个完整的计算机系统是由计算机硬件系统和软件系统两大部分组成的,如图 1-5 所示。

计算机硬件系统是指构成计算机的各种物理装置,是看得见、摸得着的物理实体,是计算机工作的物质基础,通常包括 CPU、内存储器、外存储器、输入设备及输出设备等。计算机软件系统是指为运行、维护、管理、应用计算机所编制的所有程序和数据的集合,分为系统软件和应用软件。通常把不装备任何软件的计算机称为"裸机",裸机是不能为用户工作的,只有在安装了必要的软件后用户才能方便地使用计算机。

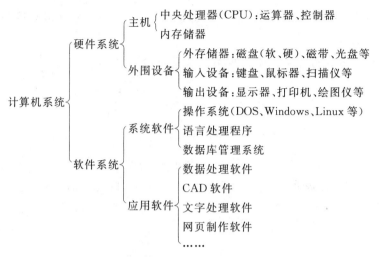

图 1-5　计算机系统的组成

2. 了解计算机硬件系统的组成

计算机硬件系统可分为运算器、控制器、存储器、输入设备和输出设备五大部分，其工作原理如图 1-6 所示，图中实线为数据流（各种原始数据、中间结果等），虚线为控制流（各种控制指令）。输入输出设备用于输入原始数据和输出处理后的结果；存储器用于存储程序和数据；运算器用于执行指定的运算；控制器负责从存储器中取出指令，对指令进行分析、判断，确定指令的类型并对指令进行译码，然后向其他部件发出控制信号，指挥计算机各部件协同工作，控制计算机一步一步地完成各种操作。

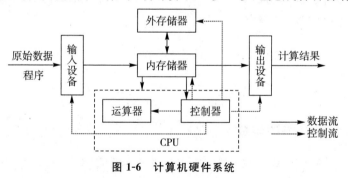

图 1-6　计算机硬件系统

（1）运算器

运算器是对数据进行加工处理的部件，通常由算术逻辑部件 ALU（Arithmetic Logic Unit）和一系列寄存器组成。它的功能是在控制器的控制下对内存或外存中的数据进行算术运算（加、减、乘、除等）和逻辑运算（与、或、非等）。

（2）控制器

控制器是计算机的神经中枢和指挥中心，在它的控制下整个计算机才能有条不紊地工作。控制器的功能是依次从存储器中取出指令、翻译指令、分析指令，并向其他部件发出控制信号，指挥计算机各部件协同工作。

运算器和控制器通常被合成在一块集成电路的芯片上，称为"中央处理器"

(Central Processing Unit,CPU)。

（3）存储器

存储器用来存储程序和数据,是计算机中各种信息的存储和交流中心。存储器通常分为内存储器和外存储器。

内存储器简称"内存",又称"主存储器",主要用于存放计算机运行期间所需要的程序和数据。用户通过输入设备输入的程序和数据首先被送入内存,运算器处理的数据和控制器执行的指令来自内存,运算的中间结果和最终结果也保存在内存中,输出设备输出的信息还是来自内存。内存的存取速度较快,容量相对较小。因内存具有存储信息和与其他主要部件交流信息的功能,故内存的大小及性能的优劣直接影响计算机的运行速度。

外存储器简称"外存",又称"辅助存储器",用于存储需要长期保存的信息,这些信息往往以文件的形式存在。外存中的数据 CPU 不能直接访问,要被送入内存后才能被使用,计算机通过内存、外存之间不断的信息交换来使用外存中的信息。与内存相比,外存容量大、速度慢。外存主要有磁带、软盘、硬盘、移动硬盘、光盘、U 盘等。

（4）输入设备和输出设备

输入/输出(I/O)设备是计算机系统与外界进行信息交流的工具,其作用分别是将信息输入计算机和从计算机输出信息。

输入设备将信息输入计算机,并将原始信息转化为计算机能识别的二进制代码存放在内存中。常用的输入设备有键盘、鼠标、扫描仪、触摸屏、数字化仪、麦克风、数码相机、光笔、磁卡读入机、条形码阅读机等。

输出设备的功能是将计算机的处理结果转换为人们所能接受的形式并输出。常用的输出设备有显示器、打印机、绘图仪、影像输出系统和语音输出系统等。

3.了解计算机软件系统的组成

软件是指程序、程序运行所需要的数据以及开发、使用和维护这些程序所需要的文档的集合。计算机软件极为丰富,要对软件进行恰当的分类是相当困难的。通常的分类方法是将软件分为系统软件和应用软件两大类。实际上,系统软件和应用软件的界限并不十分明显,有些软件既可以认为是系统软件,也可以认为是应用软件,如数据库管理系统等。软件系统层次结构如图 1-7 所示。

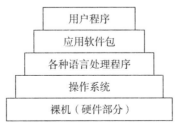

图 1-7 软件系统层次结构

（1）系统软件

系统软件是指控制计算机的运行、管理计算机的各种资源、并为应用软件提供支持和服务的一类软件。在系统软件的支持下，用户才能运行各种应用软件。系统软件通常包括操作系统、实用程序和语言处理程序等。

① 操作系统。为了使计算机系统的所有软、硬件资源协调一致、有条不紊地工作，就必须有一个软件来进行统一的管理和调度，这种软件就是操作系统。操作系统的主要功能是管理和控制计算机系统的所有资源（包括硬件和软件）。

操作系统是最基本的系统软件，是现代计算机必配的软件。操作系统的性能很大程度上直接决定了整个计算机系统的性能。常用的操作系统有：Windows、Unix、Linux、OS/2、Novell Netware 等。

② 实用程序。实用程序完成一些与管理计算机系统资源及文件有关的任务。通常情况下，计算机能够正常地运行，但有时也会发生各种类型的问题，如硬盘损坏、病毒的感染、运行速度下降等。预防和解决这些问题是一些实用程序的作用之一。另外，有些实用程序是为了用户能更容易、更方便地使用计算机，提高文件在 Internet 上的传输速度，如压缩磁盘上的文件。当今的操作系统都包含一些实用程序，如 Windows XP 中的备份、磁盘清理、磁盘碎片整理程序等，软件开发商也提供了一些独立的实用程序，如 Norton System Works、McAfee Office 等。

③ 语言处理程序。程序设计语言是用户用来编写应用程序的语言，它是人们与计算机之间交换信息的工具，实际上也是人们指挥计算机工作的工具。程序设计语言是软件系统的重要组成部分，一般可分为机器语言、汇编语言和高级语言三类。

机器语言是第一代计算机语言，它是由 0 和 1 组成的、能被机器直接理解、执行的指令集合；汇编语言采用一定的助记符来代替机器语言中的指令和数据，又称为“符号语言”。机器语言和汇编语言都是面向机器的语言，一般称为“低级语言”。汇编语言再向自然语言方向靠近，发展到了高级语言阶段。用高级语言编写的程序易学、易读、易修改，通用性好，不依赖于机器。但机器不能对其编制的程序直接运行，必须经过语言处理程序的翻译后才可以被机器接受。高级语言的种类繁多，如面向过程的 Fortran、Pascal、C 等，面向对象的 C++、Java、Visual Basic 等。

对于用某种程序设计语言编写的程序，通常要经过编辑处理、语言处理、装配链接处理后，才能够在计算机上运行，这就要用到语言处理程序。如汇编程序将用汇编语言编写的程序（源程序）翻译成机器语言程序（目标程序），这一翻译过程称为“汇编”。

（2）应用软件

应用软件是用户为了解决实际问题而编制的各种程序，如各种工程计算、模拟过程、辅助设计和管理程序、文字处理和各种图形处理软件等。

常用的应用软件有各种文字处理软件、防病毒软件、解压缩软件、汉化与翻译软件、图形图像处理软件、MIS 软件、浏览器软件等。

（3）常用软件工具介绍

①防病毒软件。防病毒软件是一种计算机程序，可进行检测、防护，并采取行动来

解除或删除恶意软件程序,如病毒和蠕虫。简单来说,防病毒软件就是防护计算机免受计算机病毒侵害的专用软件。目前,防病毒软件的种类较多,例如,瑞星、金山、江民、卡巴斯基(Kaspersky)、赛门铁克(Symantec)、麦咖啡(McAfee)、AVAST 等。图 1-8 为瑞星杀毒软件的操作界面。

图 1-8　瑞星杀毒软件操作界面

② 解压缩软件。"解压缩软件"顾名思义,是用于文件的压缩和解压缩。常见的解压缩软件有 WinRAR、7-Zip、好压(HaoZip)、快压(kuaizip)等,用于扩展名为 RAR、ZIP、7Z、ISO、ACE 等压缩文件的打开。图 1-9 为 WinRAR 操作界面。

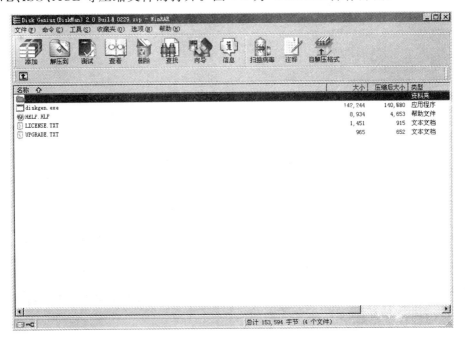

图 1-9　WinRAR 操作界面

③ 汉化与翻译软件。常用的汉化与翻译软件有金山词霸、金山快译、有道桌面词

典等，每一款翻译软件都有自己的特点。

图 1-10　有道桌面词典操作界面

④ 图像处理软件。"图像处理软件"是用于处理图像信息的各种应用软件的总称，常用的图像处理软件有 Adobe photoshop、Corel Painter、可牛影像、美图大师以及动态图片处理软件（Ulead GIF Animator、Gif Movie Gear）等。

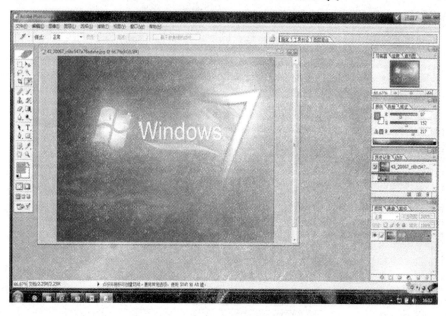

图 1-11　Adobe photoshop 操作界面

任务四　认识计算机硬件的主要配置

任务描述

在本任务中,以常见的台式计算机为例,介绍其硬件的主要配置,使同学们对计算机的硬件不再陌生,为后续的使用奠定基础。本任务主要完成以下内容的学习:

➤ 认识主机箱内部的组成　　　　➤ 认识主要的外围设备

任务实施

计算机可以按照不同的分类标准进行分类,比如规模、功能、价格、性能等,不同类型的计算机其外观可能千差万别,比如巨型机与微机。下面以最常见的微机——个人计算机(PC)为例,介绍其内外部组成。

微机从外观看主要由主机、显示器、键盘、鼠标、音箱等组成,如图 1-12 所示。主机一般包括主机箱、主板、CPU、内存条、电源供应器等,也有的微机没有独立的主机箱,比如一体机电脑,其显示器和主机集成在一起。

图 1-12　微型计算机外观

1.认识主机箱内部的组成

主机箱从外形上分为立式和卧式两种,两者没有本质区别,用户可以根据自己的爱好与摆放需要进行选择。主机箱的正面配置有各种工作状态的指示灯和控制开关,如电源指示灯、硬盘指示灯、电源开关、Reset 开关等,同时还可以看到光盘驱动器、前置 USB 接口、前置音频输入输出接口等。主机箱的背面配置有电源插座、各种外设的接口,用于连接外部设备,如串行端口、并行端口、USB 接口、PS/2 接口、显卡接口等。如图 1-13 所示。

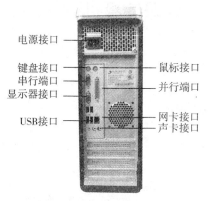

电源接口
键盘接口　　　　　　　　　　鼠标接口
串行端口　　　　　　　　　　并行端口
显示器接口
USB接口　　　　　　　　　　网卡接口
　　　　　　　　　　　　　　声卡接口

图 1-13　主机箱背面的端口与接口

打开主机箱,可以看到其中包含有主板、CPU、内存条、硬盘驱动器、软盘驱动器、光盘驱动器、电源和各种功能卡(如声卡、网卡、显示卡等)等。如图 1-14 所示。

图 1-14　主机箱的剖面图

(1)主板

机箱内有一块较大的电路板(俗称"主板"),主板上布满了各种电子元件,各种插槽。目前的微型计算机主板一般都集成有串行口、并行口、PS/2 鼠标口、软驱接口和增强型(EIDE)硬盘接口、SATA 接口等,并设有内存条等插槽,如图 1-15 所示。

扩展槽　　　　　　　　　　　　　　CPU插槽

芯片组　　　　　　　　　　　　　　内存条插槽

图 1-15　主　板

在主板上,设有 CPU 插座。除 CPU 以外的主要功能一般都集成到一组大规模集成电路芯片上,这组芯片的名称也常用来作为主板的名称。芯片组与主板的关系就像 CPU 与整机一样,它提供了主板上的核心逻辑,主板所使用的芯片组的类型直接影响主板甚至整机的性能。

主板上的扩展插槽是总线的物理表现,是主机通过总线与外部设备连接的部分。扩展插槽的多少反映了微机系统的扩展能力。

主板上的主要部件有微处理器、内存储器、输入/输出接口等。

① 微处理器。微处理器又称为"中央处理器"(简称"CPU"),负责完成指令的读出、解释和执行,是微机的核心部件。CPU 主要由运算器、控制器、寄存器等组成,有的还包含了高速缓冲存储器。决定微处理器性能的指标有很多,其中主要是字长和主频。如图 1-16 所示。

图 1-16　CPU

② 内存储器。内存储器简称"内存",用来存放 CPU 运行时需要的程序和数据。由于内存直接与 CPU 进行数据交换,所以内存的存取速度要求与 CPU 的处理速度相匹配。目前的微型计算机的主板大多采用内存条(DIMM)结构,该结构的主板上提供有内存插槽。如图 1-17 所示。

图 1-17　内存条

(2)输入/输出接口

输入/输出接口是微型计算机的 CPU 和外部设备之间的连接通道。由于微型机的外设本身品种繁多且各自工作原理也不尽相同,同时 CPU 与外设之间也存在着信号逻辑、工作时序、速度等不匹配问题,所以微型机的输入/输出设备必须通过输入/输出接口电路与系统总线相连,然后才能通过系统总线与 CPU 进行信息交换。接口在系统总线和输入/输出设备之间传输信息,提供数据缓冲,以满足接口两边的时序要求。具体地说,接口应具有数据缓冲及转换功能、设备选择和寻址功能、联络功能、解释并执行 CPU 命令功能、中断管理功能、错误检测功能等。

微型计算机的输入/输出接口一般使用大规模、超大规模集成电路技术做成电路板的形式,插在主板的扩展槽内,常称作"适配器",也称作"卡",如声卡、显卡、网卡等,如图 1-18 所示。

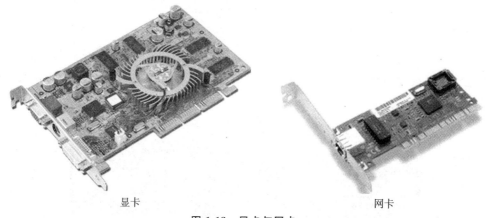

显卡　　　　　　　　　　　　　　　　网卡

图 1-18　显卡与网卡

(3)总线

总线是微型计算机中各种硬件组成部件之间传递信息的公共通道,微型计算机的各组成部件就是通过系统总线相互连接而形成计算机系统的,如图 1-19 所示。总线对微型计算机系统的功能和数据传送速度有极大的影响。在一定时间内可传送的数据量称作"总线的带宽",数据总线的宽度与计算机系统的字长有关。

图 1-19　SATA 数据线及 IDE 数据线接口

(4)外存储器

外存储器是用来长久保存大量信息的存储设备,它不能被 CPU 直接访问,其中存储的信息必须调入内存后才能为 CPU 使用。微型计算机的外存储器的存储容量相对于内存大得多,常见的有硬盘、光盘、移动存储设备等。

① 硬盘。硬盘是计算机中必备的大容量外存储设备,分为机械硬盘(HDD)、固态硬盘(SSD)、混合硬盘(HHD)三种。机械硬盘(HDD)采用温彻斯特技术,其内部由涂覆有磁性介质的硬质合金盘片构成,硬磁盘与硬盘驱动器作为一个整体被密封在一个金属盒内,如图 1-20 所示。固态硬盘(SSD)由控制单元和存储单元(FLASH 芯片、

DRAM 芯片)组成,内部就是一张 PCB 板,其上安装有控制芯片、缓存芯片和存储芯片,如图 1-21 所示。混合硬盘(HHD)是把磁性硬盘和闪存集成到一起的一种硬盘。

图 1-20　机械硬盘

图 1-21　固态硬盘

② 光盘驱动器。光盘驱动器使用激光技术实现对光盘信息进行写入和读出。光盘具有体积小、容量大、信息保存长久等特点,是多媒体技术获得快速推广的重要因素。光盘按读/写方式分为只读型光盘、一次写入型光盘和可重写型光盘。如图 1-22 所示。

图 1-22　光盘驱动器

③ 移动存储设备。移动存储设备主要有闪存类存储器和移动硬盘。闪存类存储

器的存储介质为半导体电介质,主要有 U 盘(又称"优盘")和各种存储卡。如图 1-23 所示。

图 1-23 移动存储设备(U 盘、存储卡、移动硬盘)

2.认识主要的外围设备

计算机外围设备也叫"外部设备",简称"外设"。它是计算机系统中输入、输出设备的统称。对数据和信息起着传输、转送和存储的作用,是计算机系统中的重要组成部分。

(1)外设接口

计算机系统中常见的外围设备很多,基本上所有的外设都是通过主板与主机进行连接的,所以在一块主板中会存在各种各样的外设接口,如键盘接口、鼠标接口、打印机接口、USB 接口、IEEE 1394 接口、网线接口以及音视频输出/输入接口等。图 1-24 给出了一些常见接口具体位置。

图 1-24 常见接口类型

在图中的"1"号位置是键盘和鼠标接口,一般绿色的接口为鼠标接口,而紫色的为键盘接口。

图中的"2"号位置为串行 COM 口,它主要是用于以前的扁口鼠标、Modem 以及其他串口通信设备,标准的串口能够达到最高 115 Kbps 的数据传输速度,而一些增强型串口,如增强型串口(Enhanced Serial Port,ESP)、超级增强型串口(Super Enhanced Serial Port,Super ESP)等则能达到 460 Kbps 的数据传输速率,但其数据传输速率相对来说仍然较慢,已逐渐被 USB 或 IEEE 1394 接口所取代。

图中的"3"号位置是并行接口,通常用于老式的并行打印机连接,也有一些老式游戏设备采用这种接口,目前已很少使用,主要是因为它的传输速率较慢,不适合当今数据传输发展需求,也逐渐被 USB 或 IEEE 1394 接口所取代。

图中的"4"号位置是 VGA 接口,主要用于连接显示设备。

图中的"5"号位置是 IEEE 1394 接口,通常有两种接口方式:一种是六角型的六针接口;另一种是四角的四针接口。其区别就在于六针接口除了两条一对共两对的数据线外还多了一对电源线,可直接向外设供电,多使用于苹果机和台式电脑,而四针接口多用于 DV 或笔记本电脑等设备。目前版本主要为 IEEE 1394a 版,最高传输速率为 400 Mbps,但它的 IEEE 1394b 版将达到 1.6 Gbps,甚至更快的传输速率。它与 USB 类似,支持即插即用、热拔插,而且无须设置设备 ID 号,从 Win98SE 以上版本的操作系统开始内置 IEEE 1394 支持核心,无需驱动程序,它还支持多设备的无 PC 连接等。但由于它的标准使用费比较高,目前仍受到许多限制,只是在一些高档设备中应用,如数码相机、高档扫描仪等。

图中的"6"号位置是 USB 接口。它也是一种串行接口,目前最新的标准是 3.0 版,理论传输速率可达 5Gbps。通过 USB 接口用户在连接外设时不用再打开机箱、关闭电源,而是采用"级联"方式,每个 USB 设备用一个 USB 插头连接到一个外设的 USB 插座上,而其本身又提供一个 USB 插座给下一个 USB 设备使用,通过这种方式的连接,一个 USB 控制器可以连接多达 127 个外设,而每个外设间的距离可达 5 米。USB 统一的 4 针圆形插头将取代机箱后的众多的串/并口(鼠标、Modem、键盘)等插头。USB 能智能识别 USB 连上外围设备的插入或拆卸。除了能够连接键盘、鼠标外,USB 还可以连接 ISDN、电话系统、数字音响、打印机以及扫描仪等低速外设。它的优点就是数据传输速率高、支持即插即用、支持热拔插、无需专用电源、支持多设备无 PC 独立连接等。

图中的"7"号位置是指双绞以太网线接口,也称之为"RJ-45 接口"。只有主板集成了网卡才会提供,它用于网络连接的双绞网线与主板中集成的网卡的连接。

图中的"8"号位置是指声卡输入/输出接口,这在主板集成了声卡后才会提供,不过现在的主板一般都集成声卡,所以通常在主板上都可以看到这 3 个接口。常用的只有 2 个,那就是输入/输出接口。通常也是用颜色来区分,最下面红色的为输出接口,接音箱、耳机等音频输出设备,而最上面的浅蓝色的为音频输入接口,用于连接话筒之类音频输入设备。

(2)键盘

键盘是最重要的字符输入设备,其基本组成元件是按键开关,通过识别所按按键产生的二进制信息,并将信息送入计算机中,完成输入过程。

微机常用 84 键的基本键盘和 101 键的通用扩展键盘。随着计算机网络的发展,键盘键数已经增加到 104、105 键等。键盘通过主板上的键盘接口与主机相连。如图 1-25 所示。

（3）鼠标

鼠标是计算机重要的输入设备，也是计算机显示系统纵横坐标定位的指示器。因其外形像一只拖着长尾巴的老鼠而得名。鼠标按接口类型可分为串行鼠标、PS/2 鼠标、总线鼠标、USB 鼠标 4 种；按照工作原理及其内部结构的不同可以分为机械式鼠标和光电式鼠标；按照有无连接线缆可分为有线鼠标和无线鼠标。如图 1-26 所示。

图 1-25　人体工程学键盘

图 1-26　有线鼠标与无线鼠标

（4）显示器

显示器是计算机重要的输出设备，用于显示多种数据、字符、图形或图像等数据。显示器种类很多，技术上发展很快，按照采用的显示器件可分为阴极射线管（CRT）显示器、液晶显示器（LCD）。CRT显示器是在电视技术基础上发展起来的，现已逐步被液晶显示器所取代。液晶显示器如图 1-27 所示。

图 1-27　液晶显示器

（5）打印机

打印机是计算机系统的主要输出设备之一，打印机的功能是将计算机的处理结果以字符或图形的形式印刷到纸上，转换为书面信息，供人们阅读和保存。由于打印输出结果能永久性保留，故称为"硬拷贝输出设备"。

按照打印机的工作原理不同，打印机分为击打式和非击打式两大类。击打式打印机是利用机械作用使印字机构与色带和纸相撞击而打印字符的，它的工作速度不可能很快，而且不可避免地要产生工作噪声；非击打式打印机是采用电、磁、光、喷墨等物理或化学方法印刷出文字和图形的，由于印字过程没有击打动作，因此印字速度快、噪声低。

常见的打印机类型有针式打印机、喷墨打印机和激光打印机，如图 1-28 所示。

针式打印机

喷墨打印机

激光打印机

图 1-28　打印机

（6）扫描仪

扫描仪，是利用光电技术和数字处理技术，以扫描方式将图形或图像信息转换为数字信号的装置。按照工作原理，可以分为滚筒式扫描仪、平板式扫描仪等类型，图1-29所示是一款平板式扫描仪的外观图。

图1-29 平板式扫描仪

任务五 掌握计算机的基本操作

任务描述

在本任务中，通过开关机等操作的练习，掌握计算机的基本操作。本任务主要完成以下内容的学习：

➤ 启动与关闭计算机 ➤ 认识计算机的键盘
➤ 熟练进行字符录入

任务实施

1.启动与关闭计算机

（1）启动计算机

计算机的启动方法有3种：冷启动、热启动和复位启动。

① 冷启动。冷启动是正常开机的一个步骤，是让计算机从不工作状态进入工作状态的一个常见操作。冷启动的方法是：按下主机箱前面板上的电源按钮（通常标示为Power），这时电源指示灯处在工作状态。接通计算机的电源后，计算机先进行硬件检测（以Windows XP为例），检测完成后，屏幕显示带有"Microsoft Windows XP"字样的欢迎画面，开始启动Windows XP。

② 热启动。在计算机使用的过程中，若出现了故障或安装了新软件，需要重新启动计算机时，可以使用热启动。热启动的方法有以下两种：

图1-30 "重新启动"按钮

方法一：选择"开始"→"关闭计算机"菜单选项，在弹出的"关闭计算机"对话框中选择"重新启动"按钮，如图1-30所示。

方法二：按下"Ctrl＋Alt＋Del"组合键，屏幕上出现"Windows 任务管理器"窗口，选择"关机"→"重新启动"菜单选项，如图 1-31 所示。

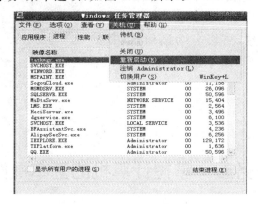

图 1-31 从任务管理器重启计算机

③ 复位启动。如果不能通过热启动的方法完成计算机重启，可以通过复位启动的方法重启计算机。方法是按主机箱上的复位 Reset 按钮。

（2）关闭计算机

方法一：单击"开始"按钮，在弹出的开始菜单中选择"关闭计算机"菜单选项，弹出如图 1-30 所示的"关闭计算机"对话框，然后单击"关闭"按钮即可。

方法二：当计算机出现故障，不能通过正常的关机步骤关闭计算机，可以采用长按电源按钮 5 至 10 秒钟的方法关闭计算机。这种方法对计算机有一定的损害，也容易造成计算机中的数据丢失，所以这种方法只在特殊的情况下才使用。

2. 认识计算机的键盘

（1）键盘分区

一般情况下把键盘分为 5 个区，分别为功能键区、主键盘区、状态指示区、编辑键区和辅助键区，如图 1-32 所示。

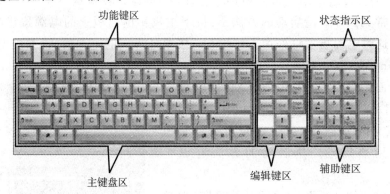

图 1-32 键盘分区

对字符输入来讲，使用频率最高的是主键盘区中的各个键位。主键盘区包括 26

个英文字母、10 个阿拉伯数字、一些特殊符号及一些功能键,功能键的主要功能如下:

① BackSpace:退格键,删除光标前一个字符。

② Enter:换行键,将光标移至下一行行首。

③ Shift:字母大小写临时转换键;与数字键同时按下,输入数字上的符号。

④ Ctrl、Alt:控制键,必须与其他键一起使用。

⑤ Caps Lock:锁定键,将英文字母锁定为大写状态。

⑥ Tab:跳格键,将光标右移到下一个跳格位置。

⑦ Space:空格键,输入一个空格。

功能键区 F1 到 F12 的功能根据具体的操作系统或应用程序而定。

编辑键区中包括插入字符键 Insert,删除当前光标位置的字符键 Delete,将光标移至行首的 Home 键和将光标移至行尾的 End 键,向上翻页"Pg Up"键和向下翻页"Pg Down"键以及上下左右箭头键。

辅助键区(小键盘区)有 9 个数字键,可用于数据的连续输入或大量输入数字的情况。当使用小键盘输入数字时,应按下"Num Lock"键,此时对应的指示灯变亮。

(2)键盘操作的正确姿势与要领

正确的姿势应当注意以下 4 点:

① 座椅高度合适,坐姿端正自然,两脚平放,全身放松,上身挺直并稍微前倾,眼与屏幕上沿高度平齐。

② 两肘贴近身体,下臂和腕向上倾斜,与键盘保持相同的斜度;手指略弯曲,指尖轻放在基本键位上,左右手的大拇指轻轻放在空格键上。

③ 按键时,手抬起伸出要按键的手指按键,按键要轻巧,用力要均匀。

④ 稿纸宜置于键盘的左侧或右侧,便于视线集中在稿纸上。

(3)正确的指法

指法就是指按键的手指分工。键盘的排列是根据字母在英文打字中出现的频率而精心设计的,正确的指法可以提高手指击键的速度,同时也可提高文字的输入速度。键盘的键位分布图及正确指法分别如图 1-33 和图 1-34 所示。

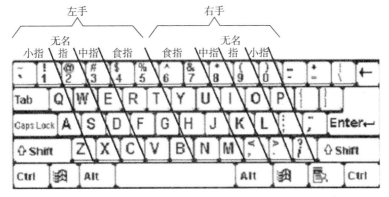

图 1-33　键位分布图

图 1-34　正确的指法

（4）击键要求

击键时有如下 7 条要求：

① 击键时用各手指的第一指腹击键。

② 击键时第一指关节应与键面垂直。

③ 击键时应由手指发力击下。

④ 击键时先使手指离键面 2～3cm，然后击下。

⑤ 击键完成后，应使手指立即归位到基本键位上。

⑥ 不击键的手指不要离开基本键位。

⑦ 当不需要同时击两个键时，若两个键分别位于左右手区，则由左右手各击相对应的键。

3. 熟练进行字符录入

练习字符录入，要掌握适当的练习方法，以助于提高录入的速度。

首先把手指按照分工放在正确的键位上，有意识记忆键盘上各个字符的位置，体会不同键盘位上的键被敲击时手指的感觉，逐步养成不看键盘输入的习惯。进行打字练习时必须集中注意力，做到手、脑、眼协调一致，尽量避免边看原稿边看键盘，这样容易分散记忆力。在初级阶段的练习即使速度慢，也一定要保证输入的正确性。通过使用专门的打字练习软件可以辅助练习。

任务六　安全使用计算机

任务描述

在本任务中，通过学习，掌握计算机安全操作规范及计算机病毒的相关知识。本任务主要完成以下内容的学习：

➤ 掌握计算机的安全操作　　　➤ 认识计算机病毒

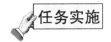

任务实施

1.掌握计算机的安全操作

计算机的使用大大提高了工作效率,在使用计算机的过程中,要注意养成良好的操作习惯,规范操作行为。

首先,要做到规范开关机。开机前在检查好计算机的线缆连接正确的前提下,先将计算机外围设备开启后再启动主机开关;关机时,应通过"开始"菜单关机,切勿直接切断电源关机。

其次,尽量不要将重要数据放到 C 盘存放,以免由于系统崩溃等原因导致数据丢失。重要数据尽可能多备份,比如备份到其他移动存储设备或网络存储空间等,操作系统也可利用一键还原等工具做好系统备份工作。

再次,应遵守安全用网、文明上网规范,不访问不良网站,不随意下载来源不明的软件,下载常用软件应从软件官网下载,安装前应先杀毒确认安全等。

最后,计算机中安装的杀毒软件应定期更新病毒库,使用外来移动存储设备前应先扫描杀毒,养成良好习惯。

2.认识计算机病毒

计算机病毒是一种人为编写的程序,而非医学上所称的生物意义上的病毒,对人身体没有任何的危害,它们危害的是计算机系统。在《中华人民共和国计算机信息系统安全保护条例》中对计算机病毒是这样定义的:"计算机病毒,是指编制或者在计算机程序中插入的破坏计算机功能或者毁坏数据,影响计算机使用,并能自我复制的一组计算机指令或者程序代码。"

(1)计算机病毒的特征

计算机病毒是一种特殊程序,有时独立存在,有时附着在被感染的程序中,当调用该程序时,病毒首先运行。计算机病毒具有传染性、隐蔽性、潜伏性、寄生性、可触发性及破坏性等特征。

① 传染性。传染性是计算机病毒最重要的特征,是判断一段程序代码是否为计算机病毒的依据。

② 隐蔽性。计算机病毒是一种具有很高编程技巧、短小精悍的可执行程序,具有隐蔽性。

③ 潜伏性。计算机病毒具有依附于其他媒体而寄生的能力,这种媒体称之为"计算机病毒的宿主"。依靠病毒的寄生能力,病毒传染合法的程序和系统后,不立即发作,而是悄悄隐藏起来,然后在用户不察觉的情况下进行传染。

④ 寄生性。病毒程序嵌入到宿主程序中,依赖宿主程序的执行而生存,这就是病毒的寄生性。

⑤ 可触发性。计算机病毒一般都有一个或者几个触发条件。满足其触发条件或者激活病毒的传染机制,使之进行传染,或者激活病毒的表现部分或破坏部分。

⑥ 破坏性。无论何种病毒程序一旦侵入系统都会对操作系统的运行和用户数据造成不同程度的影响。

（2）计算机病毒的分类

按照计算机病毒攻击的系统分类,计算机病毒可以分为攻击 DOS 系统的病毒、攻击 Windows 系统的病毒、攻击 UNIX 系统的病毒;按照计算机病毒的寄生部位或传染对象分类,可以分为磁盘引导区传染的计算机病毒、操作系统传染的计算机病毒、可执行程序传染的计算机病毒;按照寄生方式和传染途径分类,可以分为引导型病毒和文件型病毒。

（3）计算机染毒后的主要症状

计算机受到病毒感染后,会表现出不同的症状,比如,机器不能正常启动或经常出现"死机"现象、运行速度显著降低、磁盘空间莫名变小、文件内容和长度有所改变、外部设备工作异常等现象,出现这些现象后,排除其他操作原因,就有感染病毒的可能。

（4）常见的病毒传播途径

计算机病毒传播的途径主要有移动存储设备传播和网络传播两种,移动存储设备的传播主要借助 U 盘、移动硬盘、光盘等可移动磁盘进行传播;网络传播已成为病毒传播的重要途径,随着网络成为现代生活不可缺少的一部分,越来越多的用户利用网络来获取信息、下载文件和程序,使得计算机病毒搭乘网络快车走上了高速传播之路。

思考与练习

一、填空题

1. 计算机的硬件系统主要有 _____、_____、_____、_____和_____五大部件组成。

2. 一个完整的计算机系统由_____和_____两部分组成。

3. 计算机未来的发展方向是_____、_____、_____、_____及_____。

4. 微型计算机的 CPU 是由_____、_____和寄存器组等组成的。

5. 平板电脑的操作系统有_____、_____、_____三种。

6. _____是安装在计算机硬件上的第一层软件。

7. 微型计算机的各组成部件是通过系统_____相互连接的。

8. 扫描仪、数码照相机属于多媒体计算机的视频输_____设备,扬声器、耳机属于多媒体计算机的音频输_____设备,CD-ROM 和 DVD 光盘属于多媒体计算机的_____设备。

9. 键盘是最重要的字符输入设备,根据按键开关种类不同,一般可以分为_____和_____两类。

10.常用的打印设备有＿＿＿＿＿＿打印机、＿＿＿＿＿＿打印机、＿＿＿＿＿打印机。

11.字符"a"的 ASCII 值比字符"A"的 ASCII 值＿＿＿＿＿＿，字符"e"的 ASCII 值比字符"B"的 ASCII 值＿＿＿＿＿＿。

二、判断题(在每小题题后的括号内,正确的打"√",错误的打"×")

1.固态硬盘相对机械硬盘来说,成本高、运行速度快、抗震性能更好。　　　　（　　）

2.办公自动化属于计算机应用中的实时控制。　　　　　　　　　　　　　　（　　）

3.计算机在使用时,应先开启主机,后开启外围设备。　　　　　　　　　　（　　）

4.汇编语言是计算机能够直接理解、执行的语言。　　　　　　　　　　　　（　　）

5.上网本是高配置的笔记本。　　　　　　　　　　　　　　　　　　　　　（　　）

6.在计算机内存中存储的数据掉电后不会丢失。　　　　　　　　　　　　　（　　）

7.优盘属于 RAM 的一种。　　　　　　　　　　　　　　　　　　　　　　（　　）

8.鼠标是计算机重要的输入设备。　　　　　　　　　　　　　　　　　　　（　　）

9.计算机的启动方法分为冷启动、热启动和复位启动。　　　　　　　　　　（　　）

10.编写和传播计算机病毒是违法行为。　　　　　　　　　　　　　　　　　（　　）

三、单项选择题(在备选答案中选择一个正确答案)

1.世界上第一台电子数字计算机取名为（　　）。

　　A. UNIVAC　　　　　B. EDSAC　　　　　C. ENIAC　　　　　D. EDVAC

2.操作系统的作用是（　　）。

　　A. 把源程序翻译成目标程序　　　　　B. 进行数据处理

　　C. 控制和管理系统资源的使用　　　　D. 实现软硬件的转换

3.个人计算机简称为"PC 机",这种计算机属于（　　）。

　　A. 微型计算机　　　B. 小型计算机　　　C. 超级计算机　　　D. 巨型计算机

4.目前制造计算机所采用的电子器件是（　　）。

　　A. 晶体管　　　　　　　　　　　　　B. 超导体

　　C. 中小规模集成电路　　　　　　　　D. 超大规模集成电路

5.计算机软件是指（　　）。

　　A. 计算机程序　　　　　　　　　　　B. 源程序和目标程序

　　C. 源程序　　　　　　　　　　　　　D. 计算机程序及有关资料

6.计算机的软件系统一般分为（　　）两大部分。

　　A. 系统软件和应用软件　　　　　　　B. 操作系统和计算机语言

　　C. 程序和数据　　　　　　　　　　　D. DOS 和 Windows

7.在计算机内部,不需要编译计算机就能够直接执行的语言是（　　）。

　　A. 汇编语言　　　　B. 自然语言　　　　C. 机器语言　　　　D. 高级语言

8.微型计算机中运算器的主要功能是进行（　　）。

　　A. 算术运算　　　　　　　　　　　　B. 逻辑运算

　　C. 初等函数运算　　　　　　　　　　D. 算术运算和逻辑运算

9.计算机病毒是指（　　）。

A．一种可传染的细菌

B．一种人为制造的破坏计算机系统的程序

C．一种由操作者传染给计算机的病毒

D．一种由计算机本身产生的破坏程序

10.ROM 与 RAM 的主要区别是（　　）。

A．断电后，ROM 内保存的信息会丢失，而 RAM 则可长期保存，不会丢失。

B．断电后，RAM 内保存的信息会丢失，而 ROM 则可长期保存，不会丢失。

C．ROM 是外存储器，RAM 是内存储器。

D．ROM 是内存储器，RAM 是外存储器。

11.计算机的外存储器通常比内存储器（　　）。

A．容量大速度快　　　　　　　B．容量小速度慢

C．容量大速度慢　　　　　　　D．容量小速度快

四、项目实训题

计算机市场调研

配置台式计算机，主要应考虑计算机的应用目的、性能、价格，另外，还需要考虑机器的可扩充性、部件间的兼容性和个人的经济能力。请通过 Internet 网络调查台式计算机的配件，选择最适合自己的购机方案。

市场调研计算机配件表

配件名称	型 号	厂 家	作 用	参考价格	备 注

项目二

管理计算机与信息

 学习情境

　　某出版社为引领传统出版业转型的浪潮,不断探索和实践数字新媒体出版,成立了音像电子制品、电子网络图书的出版机构,并招聘了具有数字出版的组稿、编辑等相关工作经验的编辑若干名。为了让新员工尽快投入工作,出版社要求网络信息中心配置若干台功能完善的计算机(PC),并对新员工进行计算机与信息管理的基础培训。

　　本项目讲述的是如何配置管理计算机和信息。功能完善的计算机要有成熟的视窗操作系统,可设置操作系统的桌面主题、分辨率,可安装基本的常用应用软件等。计算机信息管理的基础培训将结合出版社的实际要求,做到能够使用基本常用软件,使信息资源组织管理具有系统性、整体性和合理性。

　　视窗操作系统是计算机中最重要的系统软件,它是用户和计算机硬件之间的桥梁,用户通过操作系统提供的命令和有关规范来操作和管理计算机与信息。Windows XP 是美国微软公司于 2001 年推出的图形用户界面的操作系统,其无论是对硬件、多媒体还是网络的支持,以及易用性和功能都得到了提高。其中 XP 是英文"experience"的缩写,译为"体验"。

　　本项目将以 Windows XP 操作系统,作为该出版社员工的计算机的操作系统,利用 Windows XP 可以使用基本应用软件,也可以管理计算机与信息。本项目主要包括以下任务:

　　↳认识 Windows XP 操作系统

　　↳管理计算机

　　↳管理信息

任务一 认识 Windows XP 操作系统

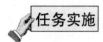 **任务描述**

在本任务中,通过基础操作认识 Windows XP 操作系统的基本组成,主要完成以下内容的学习:

➤ 认识 Windows XP 操作系统   ➤ 对计算机进行个性化设置

➤ 认识窗口和对话框   ➤ 启动与退出应用程序

任务分析

操作系统是任何计算机系统都不可缺少的一个系统软件。多数个人计算机在出售时都已经预装了操作系统(如 Windows XP、Windows 7 或 Windows Vista 等)。目前流行的 Windows 操作系统的名称来源于出现在计算机屏幕上的那些矩形工作区,每一个工作区窗口都能显示不同的文档或程序,为操作系统的多任务处理能力提供了方便。本任务分为以下几个步骤进行:

➤ 认识用户界面   ➤ 设置桌面主题

➤ 设置"开始"菜单的显示   ➤ 设置桌面分辨率

➤ 认识窗口   ➤ 认识对话框

➤ 启动应用程序   ➤ 退出应用程序

任务实施

【步骤一】认识用户界面。

现在的计算机基本都提供了图形用户界面(Graphical User Interface,GUI),使用鼠标或其他输入设备(如键盘)都可以选择菜单选项和操作屏幕上显示的图形对象。Windows XP 的基本用户界面如图 2-1 所示,其中包含了图形用户界面上的图标、"开始"按钮和任务栏。

桌面是 Windows XP 的工作平台,启动 Windows XP 后,呈现在用户面前的整个屏幕区域称为"桌面"。Windows XP 桌面由桌面图标、"开始"按钮、任务栏等元素组成,它模拟了人们实际的工作环境,把经常使用的快捷方式图标放在桌面上,可以根据需要对桌面进行设置。

1.桌面图标。图标是具有明确指代含义的计算机图形。其中桌面图标是软件标识,界面中的图标是功能标识。在桌面上比较常见的图标有:我的电脑、我的文档、网上邻居、回收站和 Internet Explorer 等。

图 2-1　Windows XP 操作系统的用户界面

2.任务栏。在 Windows 系统中,任务栏是指位于桌面最下方的小长条,主要由"开始"按钮、快速启动栏、应用程序区、语言选项带和托盘区组成。如图 2-2 所示。

图 2-2　任务栏

3."开始"按钮。它位于任务栏最左端。几乎所有的任务(如启动程序、打开文档、帮助、搜索等)都可在这里完成。单击"开始"按钮,将打开"开始"菜单,如图 2-3 所示。"开始"按钮与"开始"菜单是 Microsoft Windows 系列操作系统图形用户界面(GUI)的基本部分,可称为"操作系统的中央控制区域"。

图 2-3　"开始"菜单

小技巧　　当不再使用计算机时,需要关闭计算机系统。在关闭计算机前,要确保关闭所有应用程序,这样可以避免一些数据的丢失。单击"开始"按钮,然后在弹出的开始菜单中单击"关闭计算机",在打开的"关闭计算机"对话框中单击"关闭"即可关闭计算机系统。

【步骤二】设置桌面主题。

打开"开始"菜单,单击"控制面板"命令,打开"控制面板"窗口,双击"显示"图标,打开"显示 属性"对话框。选择"主题"选项卡,在"主题"下拉列表框中选择"Windows XP"效果。如图2-4所示。

图2-4　"显示 属性"对话框

 小技巧　　可以使用鼠标右键单击桌面空白处,在弹出的快捷菜单中选择"属性"命令,打开"显示 属性"对话框。

【步骤三】设置"开始"菜单的显示。

1.使用鼠标右键单击"开始"按钮,在弹出的快捷菜单中选择"属性"命令,打开"任务栏和「开始」菜单属性"对话框,如图2-5所示。

2.选择"经典「开始」菜单",然后单击"自定义"按钮,打开"自定义经典「开始」菜单"对话框,如图2-6所示。在"高级「开始」菜单选项"中,选中或取消显示在"开始"菜单中的内容。

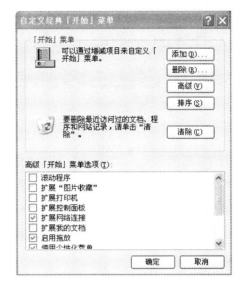

图 2-5　"任务栏和「开始」菜单属性"对话框　　　图 2-6　"自定义经典「开始」菜单"对话框

【步骤四】设置桌面分辨率。

1.打开"显示属性"对话框。

2.选择"设置"选项卡,拖动"屏幕分辨率"游标,设置分辨率为"1024×768 像素",如图 2-7 所示,然后单击"确定"按钮。

图 2-7　"显示 属性"设置分辨率

【步骤五】认识窗口。

运行应用程序时,会打开应用程序窗口,在应用程序窗口中执行某一命令时会打开对应的窗口或对话框。例如,双击桌面上的"我的电脑"图标,将打开"我的电脑"窗口,如图 2-8 所示。下面就以"我的电脑"窗口为例来了解"窗口"的组成。

图 2-8 "我的电脑"窗口

【步骤六】认识对话框。

对话框包括标题栏、选项卡、文本框、列表框、选项区域(组)、复选框、单选按钮等组成元素。对话框是人机交流的一种方式,用户在对话框中进行各项设置,确定后计算机就会执行相应的命令。

💡 **注意**　　对话框与窗口最大的区别是没有"最大化"和"最小化"按钮,大多数对话框都不能改变大小。

【步骤七】启动应用程序。

在日常使用计算机的过程中,最常进行的操作就是启动各种应用程序,如启动"腾讯 QQ"等。在 Windows XP 中,启动"腾讯 QQ"的方法如下:

方法一:从"开始"菜单启动应用程序。选择"开始"→"所有程序"→"腾讯软件2013"→"腾讯 QQ",打开"腾讯 QQ"应用程序。

方法二:在桌面上,双击"腾讯 QQ"快捷图标,打开"腾讯 QQ"应用程序。

【步骤八】退出应用程序。

方法一:单击窗口右上角的"关闭"按钮。

方法二:利用计算机常用的快捷键"Alt+F4"退出应用程序,此时要求应用程序窗口必须是当前窗口。

知识链接

（1）操作系统的概念

操作系统是一组控制和管理计算机的系统程序，是用户和计算机之间的接口，它专门用来管理计算机的软件、硬件资源，负责监视和控制计算机及程序处理的过程，因此，操作系统是用户学会使用计算机的基础。

（2）常见的操作系统

① Windows。Windows 操作系统为图形化界面，操作容易，兼容性好，扩展能力好，稳定能力一般。一般用于家庭和个人用户。现在常用的有 Windows XP、Windows 7、Windows Vista 等版本。

② Linux。Linux 分为图形和命令行操作模式，操作较复杂，是真正的多用户操作系统，稳定性强，具有极强的扩展能力，一般用于服务器。

③ Macintosh。Macintosh 简称"苹果操作系统"，界面比较华丽，操作较为简单，但它的扩展性不是很好，兼容性也一般，一般用于艺术和设计领域。

课堂练习

1.设置个性化界面、用户桌面的屏幕保护程序和外观。

2.运用多种方法启动和退出操作系统附件中的"画图"应用程序。

任务二　管理计算机

任务描述

在本任务中，通过操作系统自带的程序管理计算机系统资源和配置计算机系统。在本任务中，主要完成以下内容的学习：

➤ 使用控制面板设置计算机系统

➤ 使用磁盘管理优化计算机系统

➤ 使用任务管理器管理程序、进程

➤ 使用常用的附件应用程序

任务分析

在系统软件中有一类实用程序软件可用于提高计算机的性能，帮助用户监视计算机系统设备、管理计算机系统资源和配置计算机系统。对计算机的相关设置可以通过这类专门的软件来完成。本任务分为以下几个步骤进行：

- 设置时间和日期
- 设置输入法
- 查看磁盘属性
- 清理磁盘
- 使用任务管理器
- 使用远程桌面进行远程控制

- 设置多用户使用环境
- 添加/删除应用程序
- 格式化磁盘
- 整理磁盘碎片
- 使用画图程序绘制图形
- 使用命令提示符

【步骤一】设置时间和日期。

1. 选择"开始"→"控制面板"命令，打开"控制面板"窗口。

2. 双击"日期和时间"图标，打开"日期和时间 属性"对话框，选择"时间和日期"选项卡，如图 2-9 所示。

3. 修改机器时间为 2013 年 3 月 1 日 10∶00∶00。

图 2-9　"日期和时间 属性"对话框

小技巧　设置正确的机器时间，对于用户是非常重要的。如果机器时间与实际时间不符，则会给用户带来许多麻烦，如设定的计划任务不能按时执行，文件建立时间记录不准确等。但是，在有些情况下又希望机器时间与实际时间不符，如避开某些计算机病毒发作的时间等。为了达到上述目的，就需要调整机器时间。

【步骤二】设置多用户使用环境。

Windows XP 操作系统提供对多用户的支持，不同的用户登录同一台计算机有不同的权限，即拥有不相同的对计算机软、硬件的操作权限。通过"控制面板"窗口的"用户账户"可以对用户进行设置。例如，给 Windows XP 添加一个新的用户，操作过程如下：

1.打开"控制面板"窗口,双击"用户账户"图标,打开"用户账户"窗口,如图 2-10 所示。

图 2-10　"用户账户"窗口

2.单击"创建一个新账户"按钮。

3.在"为新账户键入一个名称"编辑框中输入新账户的名称,如图 2-11 所示,然后单击"下一步"按钮。

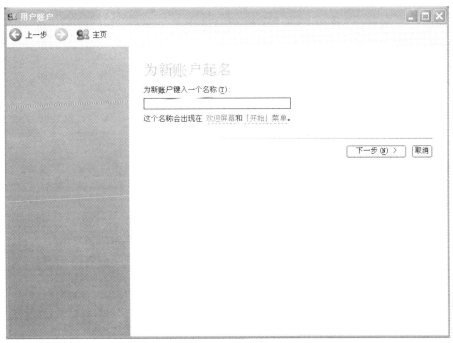

图 2-11　为新账户起名

4. 选中"计算机管理员"单选按钮,如图 2-12 所示,然后单击"创建账户"按钮。

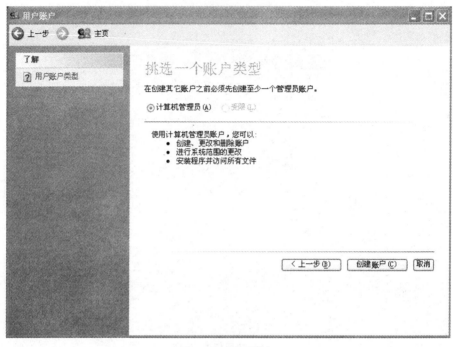

图 2-12　创建账户

【步骤三】设置输入法。

在安装 Windows XP 时,系统就已经预装了智能 ABC、微软拼音、全拼等多种中文输入法。另外,还可以根据需要,进行安装或删除输入法。安装输入法的步骤为:

1. 打开"控制面板"窗口,双击"区域和语言选项"图标,打开"区域和语言选项"对话框,选择"语言"选项卡。如图 2-13 所示。

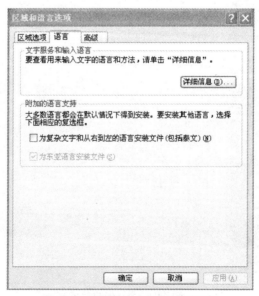

图 2-13　"区域和语言选项"对话框

2.单击"详细信息"按钮,打开"文字服务和输入语言"对话框,如图 2-14 所示。

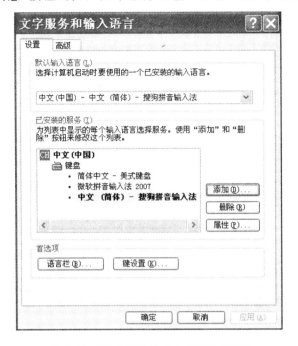

图 2-14　"文字服务和输入语言"对话框

3.单击"添加"按钮,打开"添加输入语言"对话框,如图 2-15 所示。

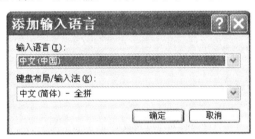

图 2-15　"添加输入语言"对话框

4.在"输入语言"和"键盘布局/输入法"下拉列表中,选择需要的项目,然后单击"确定"按钮。

【步骤四】添加/删除应用程序。

虽然 Windows XP 操作系统提供了一些常用的应用程序,但是远远不能满足人们的使用要求,因此用户要经常添加一些需要使用的应用程序。对于已经不再使用的程序,为了节省磁盘空间和提高系统运行效率,可以将它们删除。

在通常情况下,安装应用软件都可以通过软件自带的安装向导来完成。如果要删除不再使用的应用程序,可通过软件自带的卸载程序来完成,也可以使用"添加或删除程序"进行卸载。例如,删除系统中的"射手影音播放器"程序的步骤为:

1.双击"控制面板"窗口中的"添加或删除程序"图标,打开"添加或删除程序"窗口，选中要删除的"射手影音播放器"程序，如图 2-16 所示。

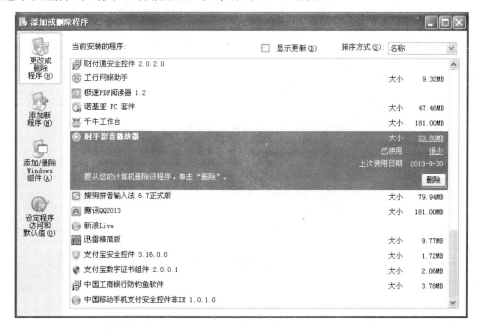

图 2-16　"添加或删除程序"窗口

2.单击"更改/删除"按钮，打开"射手影音 卸载"对话框，如图 2-17 所示。

3.单击"卸载"按钮即可。

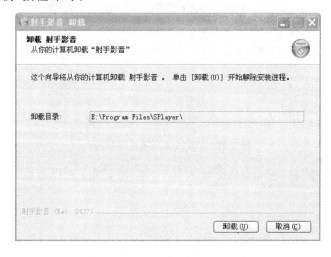

图 2-17　"射手影音 卸载"对话框

【步骤五】查看磁盘属性。

磁盘是重要的存储设备，一般文件都保存在磁盘上，因此，掌握磁盘的一些操作就显得非常重要。例如，查看 C 盘可用空间等有关情况，并修改卷标为"系统"，操作步骤为：

1.打开"我的电脑"窗口。

2.单击 C 盘图标,在弹出的快捷菜单中选择"属性"命令,打开"本地磁盘(C:)属性"对话框,如图 2-18 所示。

图 2-18 "本地磁盘(C:)属性"对话框

3.在"常规"选项卡中显示了 C 盘"已用空间"和"可用空间"的大小。

4.在卷标处输入名称"系统"。

5.单击"确定"按钮。

【步骤六】格式化磁盘。

格式化磁盘是按照一定的格式对磁盘进行划分,达到能够存储数据的目的。每个新磁盘在使用前,都必须进行完全格式化。但对于一个已用的磁盘,如 F 盘,也同样可以进行格式化操作,操作步骤如下:

1.打开"我的电脑"窗口。

2.使用鼠标右键单击 F 盘图标,在弹出的快捷菜单中选择"格式化"命令,打开"格式化 本地磁盘(F:)"对话框,如图 2-19 所示。

3.单击"开始"按钮。

图 2-19 "格式化 本地磁盘(F:)"对话框

 注意　**格式化磁盘将删除磁盘中所有数据,要慎重操作。**

【步骤七】清理磁盘。

1.选择"开始"→"所有程序"→"附件"→"系统工具"→"磁盘清理"命令,打开"选择驱动器"对话框,如图 2-20 所示。

2.选择 F 盘,单击"确定"按钮,打开"本地磁盘(F:)的磁盘清理"对话框,如图 2-21
所示。

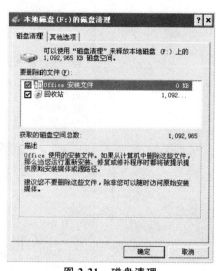

图 2-20 "选择驱动器"对话框

图 2-21 磁盘清理

3.选择要删除的文件。

4.单击"确定"按钮。

【步骤八】整理磁盘碎片。

Windows XP 可以使用磁盘碎片整理程序重新整理硬盘上的文件和未使用的空
间,以达到加速程序运行的目的。

1.选择"开始"→"所有程序"→"附件"→"系统工具"→"磁盘碎片整理程序"命令,
启动磁盘碎片整理程序,如图 2-22 所示。

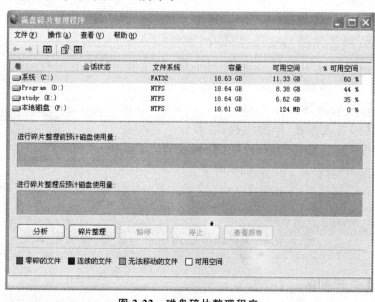

图 2-22 磁盘碎片整理程序

2.单击要整理的驱动器。

3.单击"碎片整理"按钮。

4.整理完毕后,程序将自动停止。

【步骤九】使用任务管理器。

Windows 任务管理器提供了有关计算机性能的信息,并显示了计算机上所运行的程序和进程的详细信息。如果连接到网络,那么还可以查看网络状态并了解网络是如何工作的。它的用户界面提供了文件、选项、查看、关机、帮助等 6 个菜单项,其下还有应用程序、进程、性能、联网、用户等 5 个标签页,窗口底部则是状态栏,从这里可以查看到当前系统的进程数、CPU 使用率、更改的内存容量等数据。如图 2-23 所示。

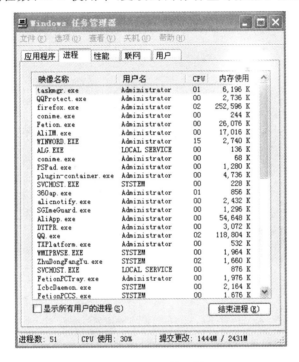

图 2-23　任务管理器

启动任务管理器的方法有如下 3 种:

(1) 同时按"Ctrl+Alt+Delete"或是"Ctrl+Shift+Esc"组合键,打开"任务管理器"。

(2) 单击任务栏,在弹出的快捷菜单中选择"任务管理器"命令。

(3) 选择"开始"→"运行",输入"Taskmgr"(或"Taskmgr.exe")后按 Enter 键。

【步骤十】使用画图程序绘制图形。

画图程序是 Windows XP 自带的一个画图工具,利用它可以创建简单的图形,也可以用它查看、编辑已有的图片。例如,画一个有红色边框的圆,并在圆内写上"您好"两个绿色字,操作步骤如下:

1.选择"开始"→"所有程序"→"附件"→"画图"命令,启动画图程序,如图2-24所示。

图 2-24　画图程序

2.单击工具箱中的"椭圆"按钮,选择椭圆工具。

3.单击颜料盒中的红色,设置前景色为红色。

4.按住 Shift 键不放,同时按下鼠标左键并拖动鼠标,绘制一个圆。

5.单击工具箱中"文字"按钮,选择文字工具。

6.单击颜料盒中的绿色,设置前景色为绿色。

7.单击圆内的任意处,在"字体"工具栏中设置字体的格式,然后在文本框内输入"您好",如图2-25所示。

【步骤十一】使用远程桌面进行远程控制。

使用远程桌面可以远程连接另外一台计算机。当某台计算机开启了远程桌面连接功能后就可以在网络的另一端控制这台计算机了,通过远程桌面功能可以实时地操作这台计算机,在上面安装软件、运行程序,所有的操作都好像是直接在该计算机上操作一样,这就是远程桌面的最大功能,通过该功能网络管理员可以在家中安全地控制单位的服务器,另外由于该功能是系统内置的,所以比其他第三方远程控制工具使用更方便、更灵活。

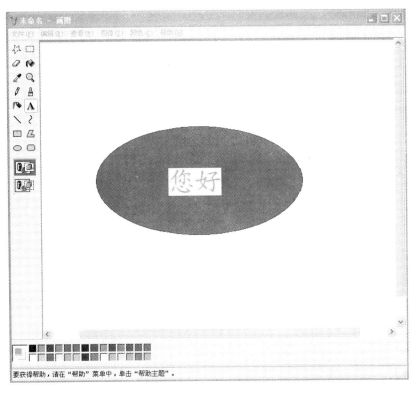

图 2-25　"画图"程序绘制"您好"

1.开启被控计算机的远程桌面功能。

（1）使用鼠标右键单击"我的电脑"图标,在弹出的快捷菜单中选择"属性"命令,打开"系统属性"对话框,选择"远程"选项卡,如图 2-26 所示。

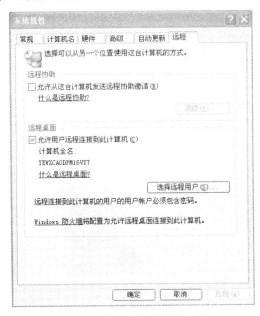

图 2-26　"系统属性"对话框

（2）选中"允许用户远程连接到此计算机"复选框，然后单击"确定"按钮。

 注意　被控计算机要建立一个账户，否则无法进行远程桌面控制。

2．使用远程桌面操作被控计算机。

（1）选择"开始"→"所有程序"→"附件"→"远程桌面"命令，启动程序，如图 2-27 所示。

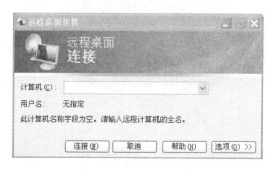

图 2-27　"远程桌面"应用程序

（2）输入被控计算机的 IP 地址，单击"确定"按钮，打开"远程桌面"窗口，如图 2-28 所示。

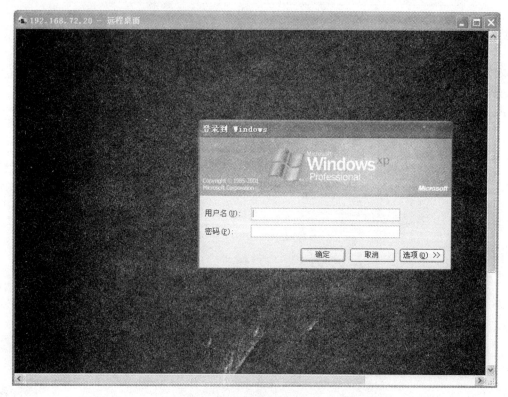

图 2-28　"远程桌面"窗口

(3)输入被控计算机的账户和密码,单击"确定"按钮。

 局域网的计算机之间可以使用系统自带的**"远程桌面"**程序进行远程控制,而广域网间的计算机不能使用,需要使用第三方软件进行远程连接,例如网络人、**TeamViewer** 等。

【步骤十二】使用命令提示符。

Windows 命令提示符(cmd.exe)是 Windows 下的一个用于运行 Windows 控制台程序或某些 DOS 程序的 Shell 程序。

1.选择"开始"→"运行"命令,输入"cmd"后按 Enter 键,启动命令提示符应用程序,如图 2-29 所示。

图 2-29　"命令提示符"程序

2.使用 cd 命令切换当前目录。例如,输入"cd c:\",如图 2-30 所示。

图 2-30　切换目录

3.使用 dir 命令显示目录的内容。例如,显示 C 盘内容,如图 2-31 所示。

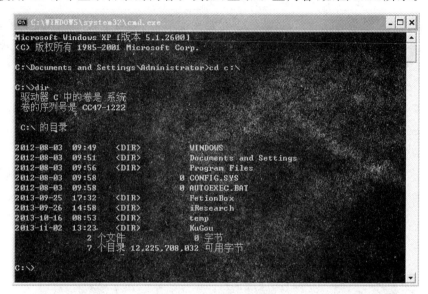

图 2-31　显示目录内容

知识链接

在命令提示符状态,常用 DOS 命令如表 2-1 所示。

表 2-1　常用 DOS 命令与功能

命　令	功　能
dir	列文件名
deltree	删除目录树
cls	清屏
cd	改变当前目录
copy	拷贝文件
diskcopy	复制磁盘
del	清除文件
format	格式化磁盘
edit	文本编辑
mem	查看内存状况
md	建立子目录
move	移动文件、改目录名
more	分屏显示
type	显示文件内容
rd	删除目录
ren	改变文件名
xcopy	拷贝目录与文件

课堂练习

1.在开始菜单的"附件"下添加"WINWORD"应用程序,并为它在桌面上建立快捷方式。

2.将可移动磁盘(U盘)进行快速格式化。

任务三　管理信息

任务描述

在本任务中,通过对磁盘上的文件进行维护与整理,从而方便有效地使用信息,主要完成以下内容的学习:

➢ 使用资源管理器管理信息
➢ 使用文件和文件夹组织管理信息

任务分析

在日常工作中,为了方便地使用信息,需要经常对磁盘上的文件进行维护和整理,如进行文件或文件夹的复制、移动、删除等操作,从而把计算机中的内容整理得井井有条。本任务分为以下几个步骤进行:

➢ 启动与认识资源管理器　　➢ 回收站的基本操作
➢ 创建文件或文件夹　　　　➢ 选定文件或文件夹
➢ 重命名文件或文件夹　　　➢ 复制文件或文件夹
➢ 移动文件或文件夹　　　　➢ 删除文件或文件夹
➢ 隐藏文件或文件夹　　　　➢ 搜索文件或文件夹

任务实施

【步骤一】启动与认识资源管理器。

1.启动资源管理器。选择"开始"→"所有程序"→"附件"→"Windows 资源管理器"命令,打开"资源管理器"窗口,如图 2-32 所示。

2.认识资源管理器。"资源管理器"窗口分成两个部分,左边区域显示计算机中所有的文件夹,称为"文件夹框"。在有些文件夹的左边有一个"＋"号或"－"号,"＋"号表示该磁盘(或文件夹)包含有子文件夹,在操作时单击该"＋"号便可展开该项。"－"号表示该磁盘(或文件夹)有子文件夹且它们已处于展开状态。在"－"号("＋"号展开后便变成了"-"号）上单击表示折叠该磁盘（或文件夹）。右边区域显示当前文件夹的内容，称为"文件夹内容框"。

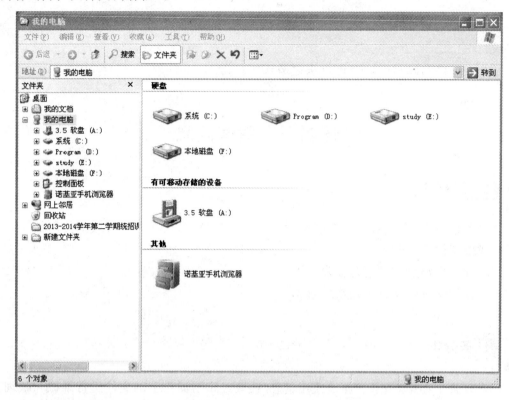

图 2-32　"资源管理器"窗口

【步骤二】回收站的基本操作。

回收站保存了删除的文件、文件夹等内容，这些内容将一直保留在回收站中，直到清空回收站，如图 2-33 所示。

1.恢复被删除的文件或文件夹。

（1）打开"回收站"窗口。

（2）使用鼠标右键单击要恢复的文件或文件夹图标，在弹出的快捷菜单中选择"还原"命令。

2.在回收站中物理删除文件或文件夹，此操作要慎用。

（1）打开"回收站"窗口。

（2）单击要删除的文件或文件夹图标，在弹出的快捷菜单中选择"删除"命令。

3.清空回收站。

（1）打开"回收站"窗口。

（2）使用鼠标右键单击窗口空白的地方，在弹出的快捷菜单中选择"清空回收站"命令。

（3）在弹出的"确认删除多个文件"的对话框中，单击"是"，清空回收站。

4.回收站的设置。

(1)打开"回收站"窗口。

(2)使用鼠标右键单击窗口空白的地方,在弹出的快捷菜单中选择"属性"命令。

(3)在打开的"回收站属性"对话框中设置回收站的属性。

图 2-33 回收站窗口

【步骤三】创建文件或文件夹。

文件是指被赋予名字并存储于计算机存储介质上的信息集合。文件的标识称为"文件名",格式为:"主文件名.扩展名"。

文件夹是系统组织和管理文件的一种形式,是用户在磁盘上创建的用于存储文件或子文件夹的区域。一般情况下一个驱动器可以包含若干个文件夹,每个文件夹中又可包含若干个文件和子文件夹,属于树形层次结构。例如,在 D 盘根目录下创建一个名为"Windows XP"的文件夹,操作过程如下:

1.打开"我的电脑"窗口。

2.双击"本地磁盘(D:)"图标,打开 D 盘。如图 2-34 所示。

3.在空白位置单击鼠标右键,在弹出的快捷菜单中选择"新建"→"文件夹"命令,创建一个名为"新建文件夹"的文件夹,其名称处于可编辑状态。

4.在文件夹名称处输入"Windows XP",按 Enter 键完成操作。

图 2-34　D 盘

【步骤四】选定文件或文件夹。

Windows XP 提供了多种选定文件或文件夹的方法：

1.选定单个文件或文件夹时，单击待选定的文件或文件夹，即可选定它。

2.在空白处按下鼠标左键或右键，拖动鼠标，出现一个虚线框，将要选定的文件包含在里面，释放鼠标，就能选中虚线框中的文件或文件夹。

3.选定多个连续的文件或文件夹。先单击第一项，然后按住 Shift 键的同时单击最后要选定的项。

4.选定多个不连续文件或文件夹。按住 Ctrl 键，然后依次单击要选定的各项。

5.选定所有文件。选择菜单栏"编辑"→"全部选定"命令，或按"Ctrl＋A"快捷键。

6.反向选择。选择菜单栏"编辑"→"反向选择"命令，将选择当前未被选定的文件或文件夹。

【步骤五】重命名文件或文件夹。

文件或文件夹的名字可以修改成其他名字。例如，把"D:\Test"文件夹的名字改为"TTT"，操作过程如下：

1.打开 D 盘。

2.单击名为"Test"的文件夹图标，在弹出的快捷菜单中选择"重命名"命令。

3.在文件夹名称处输入"TTT"，然后按 Enter 键完成操作。

【步骤六】复制文件或文件夹。

文件或文件夹既可以复制到其他文件夹中,也可以复制到其他磁盘中。例如,将文件夹"C:\WINDOWS\Help"复制到"D:\Test"文件夹下,操作过程如下:

1.打开"C盘"及文件夹"WINDOWS"。

2.选定文件夹"Help"。

3.选择"编辑"→"复制"命令。

4.打开"D盘"及"Test"文件夹。

5.选择"编辑"→"粘贴"命令完成复制操作。

【步骤七】移动文件或文件夹。

文件或文件夹的移动与复制十分类似,只要将"复制"命令改成"剪切"命令即可。

【步骤八】删除文件或文件夹。

在系统默认的情况下,删除的文件或文件夹被放到回收站中,打开回收站后,删除回收站中的某个文件,该文件才真正地被删除。例如,删除"D:\计算机网络技术基础与实训"文件,操作过程如下:

1.在"我的电脑"窗口中,双击"D盘"图标,打开D盘浏览窗口。

2.选定"计算机网络技术基础与实训"文件。

3.选择"文件"→"删除"命令,完成删除到回收站的操作。除非保密之需,不建议立即清空回收站,一般数月清空一次。

【步骤九】隐藏文件或文件夹。

1."文件夹选项"对话框的设置。

"文件夹选项"对话框,是系统提供给用户设置文件夹的常规、显示方面的属性、关联文件的打开方式及脱机文件等的窗口。

(1)打开"控制面板"窗口。

(2)双击"文件夹选项"图标,打开"文件夹选项"对话框。

(3)对"文件夹选项"对话框"常规"、"查看"、"文件类型"和"脱机文件"4个选项卡进行设置。

 小技巧　在"我的电脑"窗口中,单击菜单栏"工具"菜单→"文件夹选项"命令,也可以打开"文件夹选项"对话框。

2.隐藏文件或文件夹的设置。

(1)右键单击需要隐藏的文件或文件夹图标,在弹出的快捷菜单中选择"属性"命令。

(2)在打开的"文件或文件夹属性"对话框中,选中"隐藏"复选框。

(3)单击"确定"按钮。

【步骤十】搜索文件或文件夹。

在计算机中查找文件名为iexplore.exe的文件。

1.选择"开始"→"搜索",打开"搜索结果"窗口。

2.在"要搜索的文件或文件夹名为"文本框中输入"iexplore.exe"。

3.在"搜索范围"下拉列表中选择"本机硬盘驱动器"。

4.单击"立即搜索"按钮,开始搜索,结果将显示在右侧窗格中。

知识链接——搜索技巧

搜索文件或文件夹时,"＊"和"?"是两个可用的通配符。"＊"表示一个或多个任意字符,"?"表示一个任意字符。例如"a＊.doc"表示文件名中所有以 a 开头的 Word 文档,而"a?.doc"表示文件名中第一个字符为 a,第二个字符可以是任意的 Word 文档。

课堂练习

1.创建"学生"文件夹,在"学生"文件夹下创建 Tiger、Cat 和 Sheep 文件夹。

2.在"学生"文件夹下创建 Fish1.txt、Fish2.txt 和 Fish3.txt 文件。

3.在学生文件夹下的 Tiger 文件夹下创建一个 Rabbit 的文件夹。

4.将学生文件夹下的 Fish1.txt 文件复制到 Cat 文件夹中并改名为 Fishes1.txt。

5.将 Fish2.txt 设置为只读和隐藏属性。

6.利用查找功能查找所有文本文件,并将其发送到 U 盘上。

思考与练习

一、填空题

1.Windows XP 操作系统是一个_____任务_____用户的操作系统。

2.在"我的电脑"各级文件夹窗口中,如果需要选择多个不连续排列的文件,按_____键单击要选定的文件对象。

3.在 Windows XP 中,用来在屏幕上移动对象位置的鼠标操作是_____。

4.利用剪贴板可以完成文件的复制和移动操作,剪贴板是_____中的一块区域。

5.在 Windows XP 操作系统中,删除的文件或文件夹的内容一般被放在_____。

6.在中文输入时,进行中英文切换的键是_____。

7.在 Windows XP 操作系统中,按_____键可以使整个桌面内容复制到剪贴板上。

二、判断题(在每小题题后的括号内,正确的打"√",错误的打"×")

1.Windows XP 操作系统提供多任务并行处理的能力。　　　　　(　　)

2.利用 Windows XP"编辑"栏中的"剪切"→多次"粘贴"操作,可以实现文件复制。

(　　)

3. 在 Windows XP 中，"回收站"专门用于对被删除文件进行管理。　　（　　）

4. 在 Windows XP 中的"资源管理器"中，不仅能对文件及文件夹进行管理，而且还能对计算机的硬件及"回收站"等进行管理。　　　　　　　　　　　（　　）

5. 在 Windows XP 中，复制操作只能利用"复制"和"粘贴"按钮进行。　　（　　）.

6. 利用 Windows XP"编辑"栏中的"剪切"→"粘贴"操作，能使文件改变位置。

（　　）

7. 在 Windows XP"开始"→"设置"→"控制面板"栏中，只能对硬件进行设置，不能删除或添加应用程序。　　　　　　　　　　　　　　　　　　　（　　）

8. 在 Windows XP 中，文件夹建好后，其名称和位置均不能改变。　　（　　）

9. 只能利用"控制面板"中的"日期/时间"项，来修改 Windows XP"任务栏"右边显示的时间。　　　　　　　　　　　　　　　　　　　　　　　　　（　　）

三、单项选择题（在备选答案中选择一个正确答案）

1. 在 Windows XP 中，当一个应用程序窗口被最小化后，该应用程序将处于（　　）。

    A. 暂停执行　　　　B. 后台执行　　　　C. 前台执行　　　　D. 终止执行

2. 在 Windows XP 中，为了防止文件被修改，文件的属性应设置为（　　）。

    A. 系统　　　　　　B. 只读　　　　　　C. 存档　　　　　　D. 隐藏

3. 在 Windows XP 中，下列关于添加硬件的叙述正确的是（　　）。

    A. 添加任何硬件均应打开"控制面板"

    B. 添加即插即用硬件必须打开"控制面板"

    C. 添加任何硬件均不应打开"控制面板"

    D. 添加非即插即用硬件必须打开"控制面板"

4. 在启动 Windows 时希望自动打开 Word，则应把 Word 应用程序放在（　　）。

    A. 启动程序组中　　　　　　　　　B. 文档程序组中

    C. 附件程序组中　　　　　　　　　D. 设置程序组中

5. 当选定文件或文件夹后，不将文件或文件夹放在"回收站"中，而直接删除的具体操作是（　　）。

    A. 按 Delete 键

    B. 用鼠标直接将文件或文件夹拖放到"回收站"中

    C. 按"Shift＋Delete"键

    D. 用"我的电脑"或"资源管理器"窗口中"文件"菜单中的删除命令

6. 把 Windows XP 的窗口和对话框作一比较，窗口可以移动和改变大小，而对话框（　　）。

    A. 既不能移动，也不能改变大小

    B. 仅可以移动，不能改变大小

    C. 仅可以改变大小，不能移动

    D. 既能移动，也能改变大小

7. 以下关于 Windows 回收站的说法,正确的是( )。

    A. "回收站"是内存中的一块临时存储区域

    B. "回收站"是硬盘中的一块存储区域

    C. 借助"回收站",可将软盘上误删除的文件恢复

    D. 有了"回收站",无论删除多少个文件,这些文件以后都能正确地被恢复

8. 当已选定文件后,下列操作中不能删除该文件的是( )。

    A. 在键盘上按 Delete 键

    B. 用鼠标右键单击该文件,打开菜单,然后选择"删除"

    C. 在"文件"菜单中选择"删除"命令

    D. 用鼠标左键双击该文件

9. 在 Windows XP 中,安全地关闭计算机的正确操作是( )。

    A. 按主机面板上电源按钮

    B. 先关显示器

    C. 选"开始"→"关闭系统"中的关闭计算机

    D. 选程序中的"MS—DOS 方式",再关机

10. 快捷键的使用:复制被选内容到剪贴板使用( )。

    A. Ctrl+A   B. Ctrl+X   C. Ctrl+C   D. Ctrl+V

11. 将当前程序窗口或对话框显示内容送入剪贴板的快捷键是( )。

    A. Print Screen   B. Alt+Print Screen

    C. Alt+Enter   D. Alt+End

四、项目实训题

1. 在"所有程序"菜单中添加一个名为"cai"的项目,其中要创建快捷方式项目的位置是"C:\cai"。

2. 在 Windows XP 资源管理器中,搜索 D 盘 User 文件夹下所有扩展名为.doc 的文件。

3. 在 D 盘新建一个名为"Computer"文件夹,并将 C:\cai 文件夹下的所有文件复制到该文件夹下,然后将以"C"开头的所有文件删除。

4. 在 F 盘新建一个"Apple"文件夹,然后将上题中 D:\ Computer 文件夹下的所有文件移动到该文件夹下,再将"English"文件重命名为"Eng"。

5. 将"所有程序"菜单中的"Microsoft Word"程序在桌面上创建快捷方式。

6. 对 C 盘进行碎片整理。

项目三

使用因特网检索信息

 学习情境

信息高速公路是把家庭和企业里的多媒体与全国范围的企业、商店、银行、学校、医院、图书馆、电脑数据库、新闻机构、娱乐场所、电视台、政府部门中的多媒体连接起来,形成互相交叉的信息网络。Internet 是未来信息高速公路的雏形,信息高速公路更是 Internet 发展的必然结果。随着计算机信息化的发展,信息高速公路将使人类社会中的"地球村"变成现实,人类社会的工作、生活也将会随之越来越方便。

对于现代的学生来说,汲取知识不能只局限于书本,更多的要从网络中查询获取。本项目通过学习计算机网络的相关知识,让同学们在了解计算机网络的基础上,充分认识网络对社会和个人发展的影响。

本项目将通过以下任务让同学们了解并使用 Internet:

↪ 认识计算机网络

↪ 连接 Internet

↪ 浏览信息与文献检索

↪ 利用网络下载文件

↪ 申请电子邮箱

任务一　认识计算机网络

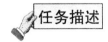 **任务描述**

对于初涉计算机网络的人,生活环境中的相关网络理论知识的学习,比局限于文字的纯理论学习,会更生动、更容易接受。本任务主要完成以下内容的学习:

❯ 掌握计算机网络的定义　　　　❯ 了解计算机网络的发展

❯ 掌握计算机网络的分类　　　　❯ 掌握局域网的分类

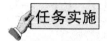

1.掌握计算机网络的定义

计算机网络是指将地理位置不同的、具有独立功能的多台计算机及其相关外部设备,通过传输介质连接起来,在网络操作系统、网络管理软件、网络通信协议的管理和协调下,用以实现网络中的信息传递和资源共享的计算机系统。

组建计算机网络需要具备:可独立自主工作的计算机、连接计算机所需的介质和通信协议等软件。

2.了解计算机网络的发展

(1)第一代计算机网络——面向终端分布的计算机系统

计算机终端系统是计算机与通信结合的前驱,把多台远程终端设备通过公用线路连接到一台中央计算机构成面向终端分布的计算机系统,用来进行远程信息收集、计算和处理。

远程终端设备具有采集各种数据的功能,随着终端数量的增加,为了减轻中央计算机的负担,在计算机和终端之间设置一个前端处理机(Front-End Processor,FEP)或通信控制器(Communication Control Unit,CCU),用来负责中央计算机与终端之间的通信控制,实现数据处理和通信控制的分工。另外在终端集中度地区,设置集线器(Hub)和多路复用器(包括频分多路复用(FDMA)、时分多路复用(TDMA)、码分多址复用(CDMA)),进行信息集成以便高效地在一条线路上进行数据传输,从而降低网络通信的成本,如图3-1所示。

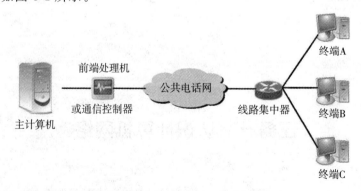

图 3-1 面向终端分布的计算机系统

该系统虽然还称不上真正意义上的计算机网络,但它提出了计算机通信的许多基本技术,而这种系统本身也是以后发展起来的计算机网络的组成部分。因此,这种终端连机系统也称为"面向终端分布的计算机通信网",也有人称它为"第一代计算机网络"。

（2）第二代计算机网络——共享资源的计算机网络

多台计算机通过通信线路连接起来，相互共享资源，这样就形成了以共享资源为目的的第二代计算机网络，如图3-2所示。

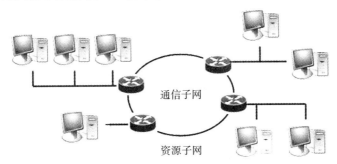

图 3-2　基于 ARPA 网络的二级子网结构

在远程终端计算机系统基础上，人们开始研究把计算机与计算机通过 PSTN 等已有的通信系统互连起来。为了使计算机之间的通信可靠，建立了分层通信体系和相应的网络通信协议，于是诞生了以资源共享为主要目的的计算机网络。由于网络中计算机之间具有数据交换的能力，提供了在更大范围内计算机之间协同工作、实现分布处理甚至并行处理的能力，联网用户之间直接通过计算机网络进行信息交换的通信能力也大大增强。

第二代计算机网络的典型代表是 ARPA 网络（ARPAnet）。ARPA 网络的建成标志着现代计算机网络的诞生，使计算机网络的概念发生了根本性的变化，很多有关计算机网络的基本概念都与 APRA 网的研究成果有关，例如，分组交换、网络协议和资源共享等。

（3）第三代计算机网络——标准化的计算机网络

20 世纪 70 年代以后，局域网得到了迅速发展。美国 Xerox、DEC 和 Intel 公司推出了以 CSMA/CD 介质访问技术为基础的以太网（Ethernet）产品。其他大公司也纷纷推出自己的产品。但各家网络产品在技术、结构等方面存在着很大差异，没有统一的标准，因而给用户带来了很大的不便。

1974 年，IBM 公司宣布了网络标准按分层方法研发的系统网络体系结构 SNA。SNA 的出现，使得同一公司生产的网络产品能够便捷地互连成网，而不同公司的产品，由于使用的网络体系结构不同，相互连通十分困难。

1984 年，国际标准化组织（ISO）正式颁布了一个使各种计算机互连成网的标准框架——开放系统互连参考模型（Open System Interconnection Reference Model，简称"OSI/RM"或"ISO/OSI"）。20 世纪 80 年代中期，ISO 等机构以 OSI 模型为参考，开发制定了一系列的协议标准，形成了一个庞大的 OSI 基本协议集。OSI 系列协议确保了各厂家生产的计算机和网络产品之间的互连无障碍，推动了网络技术的发展。

OSI 模型的出现奠定了标准化网络的基础，国际标准化组织（ISO）尝试着通过推广 OSI 模型来统一标准化网络结构。OSI 模型由以下七层结构组成,如图 3-3 所示。

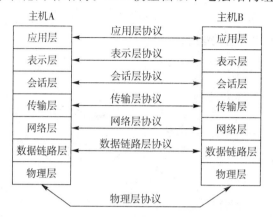

图 3-3　OSI 七层模型工作原理

① 第 7 层为应用层(Application Layer)。应用层能与应用程序接口沟通,是用户与计算机网络交互的平台。

② 第 6 层为表示层(Presentation Layer)。表示层能为程序和进程提供数据和信息的语法转换内码,使系统能正确解读数据。同时,还能提供文件的压缩解压功能和数据信息的加密、解密功能。

③ 第 5 层为会话层(Session Layer)。会话层用于为通信双方制定通信方式,并创建、注销会话(双方通信)。

④ 第 4 层为传输层(Transport Layer)。传输层用于控制数据流量,并且进行调试及错误处理,以确保通信顺利。

⑤ 第 3 层为网络层(Network Layer)。网络层为数据传送的目的地寻址,再选择出传送数据的最佳路线。

⑥ 第 2 层为数据链路层(Data Link Layer)。数据链路层的功能在于管理第一层的比特数据,并且将正确的数据传送到没有传输错误的路线中。

⑦ 第 1 层为物理层(Physical Layer)。物理层定义了所有电子及物理设备的规范。其中特别定义了设备与物理媒介之间的关系,这包括了针脚、电压、线缆规范、集线器、中继器、网卡、主机适配器(在 SAN 中使用的主机适配器)以及其他的设备的设计定义。

(4) 第四代计算机网络——国际化的计算机网络

20 世纪 90 年代,计算机网络发展成了全球的网络——因特网(Internet),如图 3-4 所示,计算机网络技术和网络应用得到了飞速的发展。

Internet 最初起源于 ARPANET。由 ARPANET 研究而产生的一项非常重要的成果就是传输控制协议/互联协议(Transmission Control Protocol/Internet Protocol, TCP/IP),使得连接到网络上的所有计算机能够相互交流信息。1986 年建立的美国国家科学基金会网络 NSFNET 是 Internet 的一个里程碑。

Internet 的第一次快速发展源于美国国家科学基金会(National Science Foundation,

NSF)的介入,即建立 NSFNET。

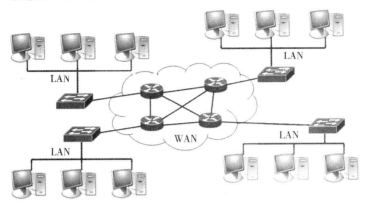

图 3-4 国际化计算机网络 Internet

20 世纪 80 年代中期,美国国家科学基金会(NSF)为鼓励大学和研究机构共享他们非常昂贵的 4 台计算机主机,希望各大学、研究所的计算机与这 4 台巨型计算机连接起来。最初 NSF 曾尝试使用 DARPANET 作 NSFNET 的通信干线,但由于 DARPANET 的军用性质,并且受控于政府机构,这个决策没有成功。于是他们决定自己出资,利用 ARPANET 发展出来的 TCP/IP 通讯协议,建立名为 NSFNET 的广域网。1986 年 NSF 投资在美国普林斯顿大学、匹兹堡大学、加州大学圣地亚哥分校、依利诺斯大学和康纳尔大学建立 5 个超级计算中心,并通过 56 Kbps 的通信线路连接形成 NSFNET 的雏形。1987 年 NSF 公开招标对 NSFNET 升级、营运和管理,结果 IBM、MCI 和由多家大学组成的非盈利性机构 Merit 获得 NSF 的合同。1989 年 7 月,NSFNET 的通信线路速度升级到 T1(1.5 Mbps),并且连接 13 个骨干结点,采用 MCI 提供的通信线路和 IBM 提供的路由设备,Merit 则负责 NSFNET 的营运和管理。由于 NSF 的鼓励和资助,很多大学、政府资助甚至私营的研究机构纷纷把自己的局域网并入 NSFNET 中,从 1986 年至 1991 年,NSFNET 的子网从 100 个迅速增加到 3000 多个。NSFNET 的正式营运以及实现与其他已有和新建网络的连接开始真正成为 Internet 的基础。

进入 20 世纪 90 年代,Internet 事实上已成为一个"网际网"。各个子网单独承担运作费用和负责组建网络,而这些子网又通过 NSFNET 互连起来。NSFNET 连接全美上千万台计算机,拥有几千万用户,是 Internet 最主要的成员网。随着计算机网络在全球的扩散,美洲以外的网络也逐渐接入 NSFNET。

计算机网络的应用需求日益广泛,计算机网络的内涵被不断地发展和扩充,现代人们的工作和生活与计算机网络愈发紧密。

3.掌握计算机网络的分类

计算机网络根据不同的分类标准有不同的分类。

(1)按网络覆盖范围分类

① 局域网(Local Area Network,LAN)。局域网指覆盖小范围区域的计算机网

络。例如,办公室、机房、网吧通常都属于局域网的范畴。局域网是将小范围内的计算机、外部设备、数据库等互相连接起来实现资源共享的计算机通信网络。局域网可以实现文件共同管理、应用软件共享、打印机共享、扫描仪共享、传真通信服务等功能。

② 广域网(Wide Area Network,WAN)。广域网是连接不同地区的局域网或城域网的计算机通信的远程网。通常跨越大的地理范围,所覆盖的范围从几十千米到几千千米,它能连接多个地区、城市和国家,或横跨几个大洲并能提供远距离通信,形成国际性的远程网络。

③ 城域网(Metropolitan Area Network,MAN)。城域网指覆盖范围从 50 千米到 150 千米的计算机网络,是介于 LAN 和 WAN 之间能传输语音与数据的公用网络,这些网络通常涵盖一个大学校园、一所综合性医院或一座城市。

④ 个人网(Personal Area Network,PAN)。个人网指个人范围(随身携带或数米之内)的移动数码设备组成的通信网络。随着相关数码产品的普及,个人网逐渐成为一种时尚。个人网可利用有线或无线的形式在设备之间互相交换数据。

(2) 按传输介质分类

① 有线网。一般是指采用同轴电缆、双绞线、光导纤维作为传输媒介连接的计算机网络。同轴电缆比较经济,安装较为便利,传输率和抗干扰能力一般,且传输距离较短;双绞线是应用最广泛的介质,价格便宜,安装方便,但易受干扰,传输率较低,传输距离比同轴电缆要短;光纤传输距离长,传输效率高,抗干扰性强,不会受到电子设备的干扰,是安全性要求较高的计算机网络的理想选择,但建设成本较高,且安装和连接技术要求比较高。

② 无线网。用电磁波作为载体来传输数据,常见的无线介质有无线电、微波、红外线和蓝牙等,由于无线网络的标准繁多,给无线网的设备推广和使用带来了一些难度。但无线网因其设备具有可移动、便捷性等特性,是计算机网络以后发展的重要方向。

(3) 按交换方式分类

① 线路交换。最早出现在电话系统中,早期的计算机网络就是采用此方式来传输数据的,数字信号经过变换成为模拟信号后才能联机传输。

② 报文交换。报文交换是一种数字化网络。当通信开始时,源机发出的一个报文被存储在交换机里,交换机根据报文的目的地址选择合适的路径发送报文,这种方式称作"存储-转发方式"。

③ 分组交换。分组交换也采用报文传输,但它不是以不定长的报文作为传输的基本单位,而是将一个长的报文划分为许多定长的报文分组,以分组作为传输的基本单位。这不仅大大简化了对计算机存储器的管理,而且也加速了信息在网络中的传播速度。由于分组交换优于线路交换和报文交换,具有许多优点。因此,它已成为计算机网络中数据传输的主要方式。

(4) 按逻辑结构分类

① 通信子网。面向通信控制和通信处理,主要包括通信控制处理机、网络控制中

心、分组组装/拆卸设备和网关等。

② 资源子网。负责全网的面向应用的数据处理,实现网络资源的共享。它由各种拥有资源的用户主机和软件(网络操作系统和网络数据库等)所组成,主要包括主机、终端设备、网络操作系统和网络数据库等。

（5）按通信方式分类

① 点对点传输网络。数据以点到点的方式在计算机或通信设备中传输。星型网、环形网常采用这种通信方式。

② 广播式传输网络。数据在公用介质中传输。无线网和总线型网络常采用这种通信方式。

（6）按服务方式分类

① 客户机/服务器网络。服务器是指专门提供网络服务的高性能计算机或专用设备,客户机是指用户计算机。客户机/服务器网络是由客户机向服务器发出请求并获得服务的一种网络形式,多台客户机可以共享服务器提供的各种资源。这种网络安全性容易得到保证,计算机的权限、优先级易于控制,监控容易实现,网络管理能够规范化。网络性能在很大程度上取决于服务器的性能和客户机的数量。目前,银行、证券公司都采用这种类型的网络,使用专用服务器。

② 对等网。对等网中每台计算机处于平等的位置,每台客户机都可以与其他客户机对话,共享彼此的信息资源和硬件资源,组网的计算机一般类型相同。这种组网方式灵活方便,但是较难实现集中管理与监控,安全性较低,常见于部门内部协同工作的小型网络。

4. 掌握局域网的分类

局域网必须具有一定的组织结构、采用一定的标准来实现计算机与计算机、计算机与外部设备的连接。这种特殊的组织结构称为"拓扑结构"。当然,局域网分类并非仅按照拓扑结构分类,还包括按传输介质分类、按访问传输介质分类和按网络操作系统分类等。

（1）按拓扑结构分类

局域网经常采用总线型、环型、星型、树型、网状和混合型拓扑结构,因此可以把局域网分为总线型局域网、环型局域网、星型局域网和混和型局域网等类型。

① 总线型。总线型拓扑是采用单根传输电缆作为共用的传输介质,将网络中所有节点连接到共享的总线上,如图 3-5 所示。

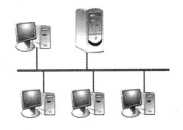

图 3-5　总线型计算机网络

总线型网络中最典型代表是以太网,以太网(IEEE 802.3 标准)也是最常用的局域网组网方式。以太网使用双绞线作为传输媒介。在没有中继的情况下,最远可以覆盖 200 米的范围。最普及的以太网类型数据传输速率为 100 Mbps,新的标准还支持

1000 Mbps 和 10000 Mbps 的速率。总线型拓扑结构中常利用载波侦听多重访问/碰撞监测(CSMA/CD)的协议检查数据的传输。

② 环型。环型拓扑结构是使用公共传输电缆作为传输介质组成一个封闭的环,各节点直接连到环上,信息沿着环型线路按一定的方向从一个节点传送到另一个节点,循环反复。如图 3-6 所示。

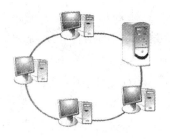

图 3-6 环型计算机网络

环型网络中最典型代表是令牌环网和 FDDI(光纤分布数字接口,IEEE 802.8 标准)。令牌环网络采用同轴电缆作为传输媒介,具有较好的抗干扰性,但是网络结构不能很容易的改变。FDDI 采用光纤传输,网络带宽大,适于用作连接多个局域网的骨干网。令牌环网是一种局域网协议,定义在 IEEE 802.5 中,其中所有的工作站都连接到一个环上,每个工作站只能同直接相邻的工作站传输数据。通过围绕环的令牌信息授予工作站传输权限。

③ 星型。星型拓扑结构是用一个节点作为中心节点,其他节点直接与中心节点相连构成的网络。中心节点可以是文件服务器,也可以是连接设备。常见星型局域网的中心节点为集线器。星型拓扑结构的网络属于集中控制型网络,整个网络由中心节点执行集中式通行控制管理,各节点间的通信都要通过中心节点,如图 3-7 所示。

铺设星型拓扑结构局域网的费用高于铺设物理总线拓扑局域网,然而星型拓扑的优势在于每台设备通过各自的线缆连接到中心设备,因此某根电缆出现问题时只会影响到那一台设备,而网络的其他设备依然可正常运行。这个优点极其重要,这也正是目前所有新设计的以太网都采用物理星型拓扑的原因所在。

图 3-7 星型计算机网络

④ 树型。树型拓扑结构是分级的集中控制式网络。和星型相比,它的通信线路总长度短,成本低,节点易于扩充,寻找路径比较方便,但除了叶节点及相连的线路外,任意节点或相连的线路故障都会使系统受到影响。

(2) 按传输介质分类

局域网上常用的传输介质有同轴电缆、双绞线、光缆等,因此可以将局域网分为同轴电缆局域网、双绞线局域网和光纤局域网。若采用无线电波或微波,则可以称为"无线局域网"。近两年来,随着 802.11 标准的制定,无线局域网的应用大为普及,这一标准采用 2.4 GHz 和 5.8 GHz 的频段,数据传输速度可以达到 11 Mbps 和 54 Mbps。

(3) 按访问传输介质的方法分类

按访问传输介质的方法可以把局域网分为以太网(Ethernet)、令牌网(Token Ring)、FDDE 网、ATM 网等。

(4) 按网络操作系统分类

按其所使用的网络操作系统可以对局域网进行分类,如 Novell 公司的 Netware

网、3COM 公司的 3＋OPEN 网、Microsoft 公司的 Windows NT 网、IBM 公司的 LAN Manager 网、BANYAN 公司的 VINES 网等。

5.家庭宽带的接入方式

相对于传统的拨号上网 56 Kbps 的数据传输速度,宽带是一种传输速率远超过传统拨号上网的一种现阶段家庭上网方式。常见家庭宽带的接入有以下几种方式:

(1)电信 ADSL(Asymmetric Digital Subscriber Line,非对称数字用户线路)

ADSL 可直接利用现有的电话线路,通过 ADSL Modem 进行数字信息传输。只要去当地电信局咨询所住小区是否可以开通 ADSL 宽带服务,便可申请安装,安装时电信会提供一台 ADSL Modem。当然前提是你需要有一台带网卡的电脑。

ADSL 分上行速率和下行速率,电信通常所提的"带宽升级"往往指的是下行速率,上行速率是不变的。而通常说的传输速率,是用户独享带宽,因此不必担心多家用户在同一时间使用 ADSL 会造成网速变慢。

ADSL 工作稳定,出故障的几率较小,一旦出现故障可及时与电信(如拨打电话10000)联系,通常能很快得到技术支持和故障排除。并且用户可以使用公网 IP,建立网站、FTP 服务器或游戏服务器。但是 ADSL 速率其实并不是很快,以 1M 带宽为例,最大下载实际速率也只能达到 100 Kbps 左右,并且对电话线路质量要求较高,如果电话线路质量不好易造成 ADSL 工作不稳定或断线。

(2)小区宽带(FTTx＋LAN)

小区宽带是大中城市目前较普及的一种宽带接入方式,网络服务商采用光纤接入楼(FTTB)或小区(FTTZ),再通过网线接入用户家,为整幢楼或小区提供共享带宽(通常是 10～20 Mbps)。目前国内有多家公司提供此类宽带接入方式,如网通、长城宽带、联通和电信等。小区宽带接入通常由小区出面申请安装,网络服务商不受理个人服务。用户可询问所居住小区物管或直接询问当地网络服务商是否已开通本小区宽带。

(3)有线通

有的地方也称为"广电通",这是与前面两种完全不同的方式,它直接利用现有的有线电视网络,并稍加改造,利用闭路线缆的一个频道进行数据传送,而不影响原有的有线电视信号传送,其理论传输速率可达上行 10 Mbps、下行 40 Mbps。目前国内开通有线通的城市还未全覆盖,主要集中在大中型城市。绝大多数小区宽带均为 10～20 Mbps 共享带宽,多数情况下小区用户的平均下载速度远远高于电信 ADSL,在速度方面占有较大优势。但是如果在同一时间小区内上网的用户较多,网速则会较慢。不过由于这种宽带接入主要针对小区,因此个人用户无法自行申请,必须待小区用户达到一定数量后才能向网络服务商提出安装申请,较为不便。另外多数小区宽带采用内部IP 地址,不便于需要使用公网 IP 的应用(如架设网站、FTP 服务器、玩网络游戏等)。

任务二　连接 Internet

任务描述

　　Internet 是网络与网络之间所连接成的庞大网络,是指在 ARPA 网基础上发展起来的世界上最大的全球性互联网络。接入 Internet 的方式有很多,普通用户必须选择适合的提供因特网接入服务的 ISP(Internet Service Provider)服务来接入 Internet,并利用合适的网络设备,完成局域网的架设。

　　在本任务中,主要完成以下内容的学习:

> ➤ 认识常见的网络传输介质　　　➤ 了解 TCP/IP 协议
> ➤ 了解无线网络　　　　　　　　➤ 认识常见的网络设备

任务分析

　　随着无线网络多媒体设备的普及,Internet 接入工作或生活环境后,往往不仅仅只局限在某一台计算机上使用。因而学习通过无线路由器组建小范围计算机网络,完成无线网络覆盖,是实现现代化资讯生活的前提之一。家庭无线网络如图 3-8 所示。

　　组建小范围计算机网络需要具备:计算机和无线多媒体设备若干台、连接 Internet 所需设备(交换机或路由器、网卡)、申请开通宽带并缴费获取相关软件及网络账号和密码(或是工作环境下的局域网)。当然,计算机网络的存在是多种多样的,在不同的场合,构成网络所需设备也将会有所不同。本次任务将通过学习无线路由器,实现小范围的网络覆盖。无线宽带路由器如图 3-9 所示。本任务分以下几个步骤进行:

> ➤ 建立无线路由连接　　　　　　➤ 进入配置界面
> ➤ 设置 LAN 口　　　　　　　　➤ 设置 WAN 口

图 3-8　家庭无线网络　　　　　　　　图 3-9　无线宽带路由器

任务实施

　　如今的家庭网络不再仅仅局限于单一线路的连接,随着多功能网络设备的普及,无线计算机网络已成为现今家庭网络的主流。实现小范围网络设备互连的通信设备有很多,本项目主要通过 TP-LINK 无线路由器学习了解局域无线网络设置。

【步骤一】建立无线路由连接。

TP-LINK 的配置界面是基于 Web 的,所以需要先实现计算机与无线宽带路由器的连接。连接可以采用直通网线将计算机网卡与无线宽带路由器的局域网网口互连。

计算机与路由器物理连接好以后,设置连接计算机的 IP 地址,因为 TP-LINK 路由器的默认管理地址为 192.168.1.1,所以连接计算机的地址应设置为 192.168.1.×××(×××范围是 2 至 254),例如,可以输入 192.168.1.6,子网掩码是 255.255.255.0,默认网关为 192.168.1.1。

 注意　　不同品牌的路由器的默认管理地址不一样,比如 **TP-LINK** 路由器的默认管理地址一般为 **192.168.1.1**,**D-LINK** 路由器的默认管理地址一般为 **192.168.0.1**。默认管理地址可以通过产品说明书查询,连接计算机的 IP 地址应配置在一个网段。

【步骤二】进入配置界面。

1.打开电脑 IE 浏览器的窗口,在地址栏上输入 http:∥192.168.1.1,输入默认账号和密码,即可进入配置界面,如图 3-10 所示。

图 3-10　TP-LINK 配置界面

2. 登录之后运行设置向导,可以在左边栏单击设置向导。单击"下一步"按钮出现如图 3-11 所示的 3 个选项。

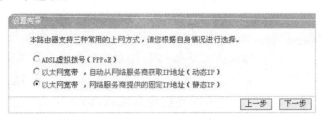

图 3-11　设置向导

若选择的网络服务商提供静态 IP 地址,则选择第三个选项。单击"下一步"按钮,进行设置静态 IP,如图 3-12 所示。

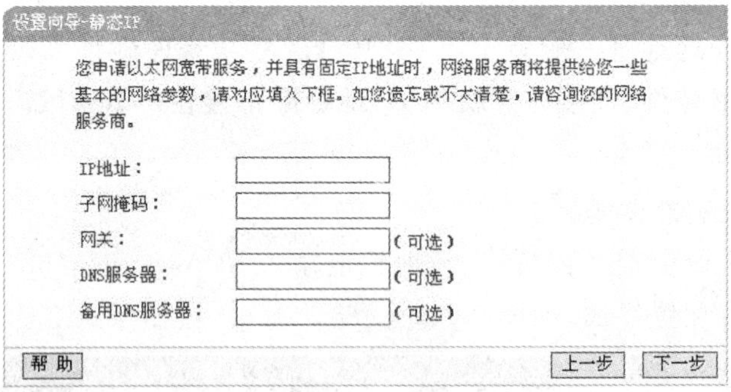

图 3-12　静态 IP

当然对于普通家庭用户,选择最多的是 PPPoE 设置(宽带拨号),把与 ISP 签约的账号和口令输入,单击"下一步"按钮即可,如图 3-13 所示。

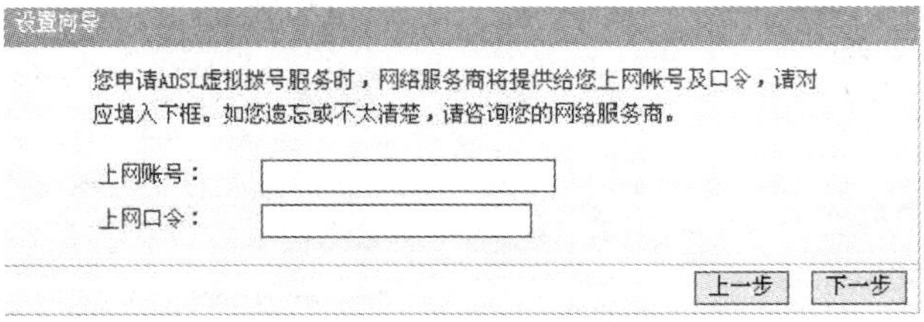

图 3-13　上网账号口令

如果选择的是动态 IP,单击"下一步"会跳转到如图 3-14 所示的窗口(PPPoE 或者静态 IP 设置完成后也会进入该页面)。在这里可以选择路由是否开启无线状态(默认是开启的)。SSID 是无线局域网用于身份验证的登录名,只有通过身份验证的用户才可以访问本无线网络。模式设置有 11 Mbps、54 Mbps、108 Mbps(Static)和 108 Mbps(Dynamic)共 4 个选项,只有 11 Mbps 和 54 Mbps 可以选择频段,共有 1～13 个频段供选择,可以有效地避免近距离的重复频段。108 Mbps 模式有两个:一个是 Static(静态)模式;另外一个是 Dynamic(动态)模式。普通网络环境下,建议选择动态 54 Mbps

模式,最后单击完成。

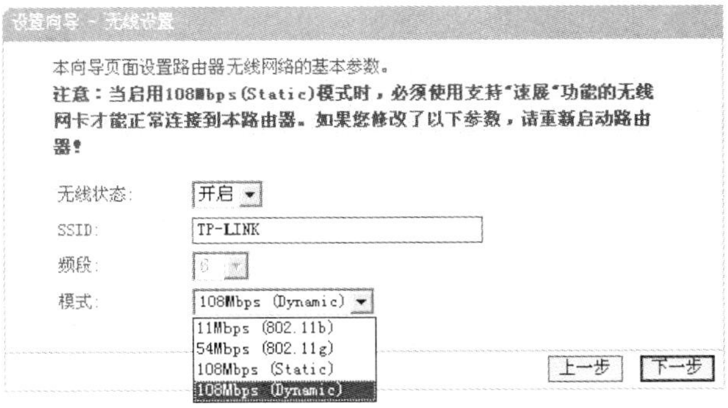

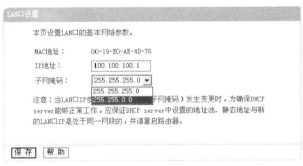

图 3-14　无线设置

【步骤三】设置 LAN 口。

现在进入网络参数 LAN 口设置,即将要组建的局域网网段。IP 地址设置好后,子网掩码有 255.255.255.0 和 255.255.0.0 可以选择,如图 3-15 所示。

1.如果选择了 255.255.255.0 的话,最多可以使用 254 个 IP 地址,那么设置的 IP 地址项表述的话就是 100.100.100.1～100.100.100.254 可以使用,但是由于路由器本身占用了 100.100.100.1 的地址,所以只有 253 个可供使用。

2.如果选择的是 255.255.0.0,则可以使用 100.100.0.1～100.100.255.254 之间的除路由器占用的 100.100.0.1 外的任意 IP 地址。

图 3-15　LAN 口设置

【步骤四】设置 WAN 口。

在弹出的“WAN 口设置”界面中,用户需要按实际情况选择使用的上网方式,如图 3-16 所示。

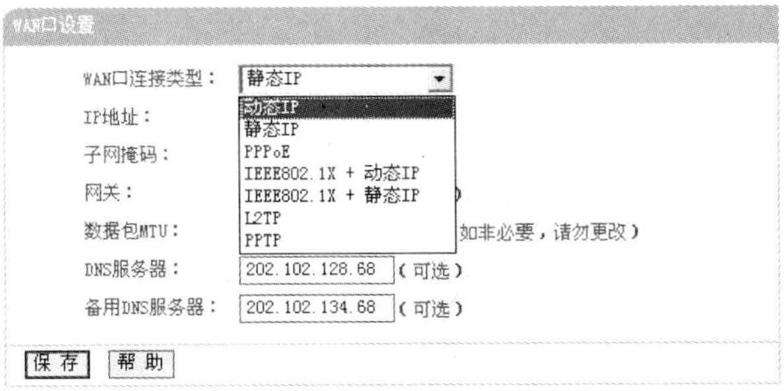

图 3-16　WAN 口设置

1.如果使用包月 ADSL 宽带服务，则在"WAN 口连接类型"的下拉菜单中，要选择"PPPoE"选项，在"上网账号"和"上网口令"对话框中分别输入对应的用户名和密码。由于 ADSL 可以自动分配 IP 地址、DNS 服务器，所以这两项都不填写。直接在对应连接模式中，选择"自动连接"项，这样一开机就可以连入网络。

2.如果在办公网络中，则要视局域网 DNS 服务器设置选择相应的动态 IP 或静态 IP。当选择动态 IP 时，局域网内备有动态 DNS 服务器；当选择静态 IP 时，需要在后面的 IP 地址、子网掩码、网关和 DNS 服务器的空内填入局域网内 DNS 服务器配给的信息。

知识链接

1.网络传输介质

网络传输介质是网络中发送方与接收方之间的物理通路，也是信号传输的媒介。常用的传输介质有双绞线、同轴电缆、光纤等。

（1）双绞线（Twisted Pair）

双绞线是由两条相互绝缘的导线按照一定的规格互相缠绕（一般以顺时针缠绕）在一起而制成的一种通用配线，属于信息通信网络传输介质。它主要用来传输模拟信号，但现在同样适用于数字信号的传输。双绞线分为非屏蔽双绞线（Unshielded Twisted Pair，UTP）和屏蔽双绞线（Shielded Twisted Pair，STP）。双绞线一般用于星型网的布线连接，两端安装有 RJ-45 水晶头，连接网卡与集线器，最长网线长度为 100 米，如果要加大网络的范围，在两段双绞线之间可安装中继器，最多可安装 4 个中继器，如果安装 4 个中继器可连 5 个网段，最大传输范围可达 500 米。

① 非屏蔽双绞线（UTP）。非屏蔽双绞线最早在 1881 年被用于贝尔发明的电话系统中。1900 年美国的电话线网络主要由 UTP 所组成。目前 UTP 被广泛用于电脑网络，价格较光纤和同轴电缆低，但由于使用过长的 UTP 电缆传输数据会导致信号衰减，因此 UTP 主要用作短途传输。

UTP 电缆，如图 3-17 所示，末端通常连接 RJ-45，以便插入与其相容的连接埠中，连接如图 3-18 所示。8P8C，也称为"RJ-45"，是以太网使用双绞线连接时常用的连接器插头。8P8C 的意义：8 个位置就是 8 个凹槽，8 个触点也就是 8 个金属接点。在连接方式上分为 T568A 线序和 T568B 线序。T568A 线序，相连的 8 根线分别定义为：绿白、绿；橙白、蓝；蓝白、橙；棕白、棕。T568B 线序，与之相连的 8 根线分别定义为：橙白、橙；绿白、蓝；蓝白、绿；棕白、棕。

注意	直通线：用于不同设备之间的互连（交换机-PC），568B-568B 或 568A-568A。 交叉线：用于同种设备之间的互连（PC-PC，交换机-交换机），568A-568B。

在进行信息传输中,某些网络设备往往只用到其中若干根线,这时施工人员会将除使用外的线剪断,所以在见到某些网线只有若干根线连接时,不要以为线路损坏了。

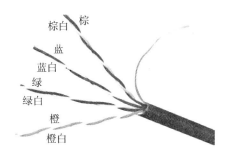

图 3-17　5 类 4 对 UTP 电缆

图 3-18　超 5 类 RJ-45 水晶头

目前市面上的 UTP 分为 3 类、4 类、5 类和超 5 类 4 种:

• 3 类:传输速率支持 10 Mbps,外层保护胶皮较薄,皮上注有"Cat3"。

• 4 类:网络中不常用。

• 5 类(超 5 类):传输速率支持 100 Mbps 或 10 Mbps,外层保护胶皮较厚,皮上注有"Cat5"。

• 超 5 类双绞线:在传送信号时比普通 5 类双绞线的衰减更小,抗干扰能力更强,在 100M 网络中,受干扰程度只有普通 5 类线的 1/4。

② 屏蔽双绞线(STP)。STP 是一种铜质线材。此种线两条一对地互相缠绕并包装在绝缘管套中。双绞线外的金属网(通常是铜质)可以屏蔽传输线,使之不受外部电磁场干扰,同时作为接地之用。但这种额外的保护结构降低了屏蔽双绞线的弹性。这种线常用在以太网中。

目前市面上 STP 分为 3 类和 5 类两种,STP 的内部与 UTP 相同,外包铝箔,抗干扰能力强、传输速率高但价格昂贵。

(2)同轴电缆(Coaxtal CabLe)

同轴电缆是一种电线及信号传输线,一般由 4 层物料构成:最内里是一条导电铜线,线的外面是一层塑胶(作绝缘体、电介质之用),绝缘体外面又有一层薄的网状导电体(一般为铜或合金),导电体外面是最外层的绝缘材料作为外皮。同轴电缆具有抗干扰能力强、连接简单等特点,信息传输速度可达每秒几百兆位,是中、高档局域网的首选传输介质。

按直径的不同,同轴电缆可分为粗缆和细缆两种类型。

① 粗缆。粗缆传输距离长,性能好但成本高,网络安装、维护困难,一般用于大型局域网的干线,连接时两端需终接器。

② 细缆。细缆用 T 型头与 BNC 网卡相连,两端装 50 欧的终端电阻。T 型头之间最小为 0.5 米。细缆网络每段干线长度最长为 185 米,每段干线最多接入 30 个用户。如采用 4 个中继器连接 5 个网段,网络最大距离可达 925 米。细缆安装较容易,并且造价较低,但日常维护不方便,一旦一个用户出现故障,便会影响其他用户的正常工作。

根据传输频带的不同,同轴电缆可分为基带和宽带传输。

① 基带。传送数字信号,信号占整个信道,同一时间内只能传送一种信号。

② 宽带。传送的是不同频率的信号。

短距离的同轴电缆一般也会用在家用影音器材,或是用在业余无线电设备中。此外,曾经也被广泛使用连接以太网,直至被双绞线(CAT-5 线)所取代。

长距离的同轴电缆常用在电台或电视台的网络上作为电视信号线。尽管有高科技的器材取代,如光纤、T1/E1、人造卫星等,但由于同轴电缆相对便宜,并且早已铺设好,因而沿用至今。

(3)光纤(Optical Fiber)

光导纤维,简称"光纤",是一种利用光在玻璃或塑料制成的纤维中的全反射原理而达成的光传导工具。微细的光纤封装在塑料护套中,使得它能够弯曲而不至于断裂。通常光纤一端的发射设备应用光学原理产生光束,将电信号变为光信号,再把光信号导入光纤,光纤另一端的接收设备使用光敏组件检测脉冲,并将其变为电信号进行再处理。包含光纤的线缆称为"光缆"。由于光在光导纤维的传输损失比电在电线传导的损耗低得多,更因为主要生产原料是硅,蕴藏量极大,较易开采,所以价格便宜,促使光纤被用作长距离的信息传递工具。随着光纤的价格进一步降低,光纤也被用于医疗和娱乐中。

光纤主要分为渐变光纤(Graded-Index Fiber)与突变光纤(Step-Index Fiber)。前者的折射率是渐变的,而后者的折射率是突变的。另外还分为单模光纤和多模光纤。近年来,又有新的光子晶体光纤问世。

光导纤维是双重构造,核心部分是高折射率玻璃,表层部分是低折射率的玻璃或塑料,光在核心部分传输,并在表层交界处不断进行全反射,沿"之"字形向前传输。这种纤维比头发丝还细,这样细的纤维要有折射率截然不同的双重结构分布,是一项非常惊人的技术。各国科学家经过多年努力,创造了内附着法、MCVD 法、VAD 法等,制成了超高纯石英玻璃,特制成的光导纤维传输光的效率有了非常明显的提高。现在较好的光导纤维,其光传输损失每千米只有 0.2 分贝,也就是说传播 1000 米后只损失 4.5%。

光纤具有电磁绝缘性能好、信号衰减小、频带宽、传输速度快、传输距离长等优点,主要用于要求传输距离较长、布线条件特殊的主干网连接。

2.无线网络

无线网络指的是利用可用的无线传输方式构成的网络,通常和电信网络相结合,无需电缆即可在节点之间相互连接,进行信息传输。无线电信网络一般被应用在使用电磁波的遥控资讯传输系统,像是无线电波作为载波和实体层的网络。下面介绍常见的与无线网络相关的名词。

(1)3G

一般称为"第三代移动通信技术",也就是 IMT-2000 (International Mobile Telecommunications-2000),是指支持高速数据传输的蜂窝移动通讯技术。3G 服务能够同时传送声音(通话)及数据信息(电子邮件、即时通信等)。3G 的代表特征是提供高速数据业务,速率一般在几百 Kbps 以上。3G 规范是由国际电信联盟(ITU)所制定的 IMT-2000 规范的最终发展结果。目前 3G 存在 4 种标准:CDMA2000、WCDMA、TD-SCDMA 和 WiMAX。

(2)CDMA2000

CDMA2000 是一个 3G 移动通讯标准,国际电信联盟 ITU 的 IMT-2000 标准认可的无线电接口。它是 TIA 标准组织用于指代第三代 CDMA 的名称,也是 2G CDMAOne 标准的延伸,可以稳定运行在现有 PCS 频段,不需要新的频段分配。

(3)CDMAOne

CDMAOne 是一个 2G 移动通信标准,根本的信令标准是 ISCDMA200095,是高通与 TIA 基于 CDMA 技术发展出来的 2G 移动通信标准。由 2G CDMAOne 标准延伸的 3G 标准为 CDMA2000(IS-2000)。

(4)GPRS

通用分组无线服务技术(General Packet Radio Service,GPRS)是 GSM 移动电话用户可用的一种移动数据业务。通常按照数据流量,以 1 KB 或者 1 MB 作为计费单位。

(5)GSM

全球移动通信系统(Global System for Mobile Communications,GSM),是当前应用最为广泛的移动电话标准。

(6)UMTS

通用移动通讯系统(Universal Mobile Telecommunications System,UMTS)是当前最广泛采用的一种第三代(3G)移动电话技术。它的无线接口使用 WCDMA 技术,由 3GPP 定型,代表欧洲对 ITU IMT-2000 关于 3G 蜂窝无线系统需求的回应。UMTS 有时也叫 3GSM,强调结合了 3G 技术并且是 GSM 标准的后续标准。UMTS 分组交换系统由 GPRS 系统所演化而来,故两者系统的架构颇为相像。

(7)Wi-Fi

Wi-Fi 这个术语是指无线保真(Wireless Fidelity),它是 Wi-Fi 联盟制造商的商标,可作为产品的品牌认证,是一个创建于 IEEE 802.11 标准的无线局域网络设备。基于两套系统的密切相关,也常有人把 Wi-Fi 当作 IEEE 802.11 标准的同义词术语。然而并不是每样符合 IEEE 802.11 的产品都申请 Wi-Fi 联盟的认证,相对地缺少 Wi-Fi 认证的产品并不一定意味着不兼容 Wi-Fi 设备。IEEE 802.11 的设备已安装在市面上的许多产品中,如个人电脑、游戏机、MP3 播放器、智能电话和打印机等。

(8)WiMAX

全球互通微波存取(Worldwide Interoperability for Microwave Access,WiMAX)是一项高速无线数据网络标准,主要用在城域网络中。它可提供最后一英里无线宽带接入,作为电缆和 DSL 之外的选择。它能够借助较宽的频带以及较远的传输距离,协助电信业者与 ISP 业者建置无线网络的最后一英里,与主要以短距离区域传输的 IEEE 802.11 通信协定有着相当大的不同。WiMAX 能提供许多种应用服务,包括最后一英里无线宽带接入、热点、小区回程线路以及作为商业用途在企业间的高速连线。通过 WiMAX 一致性测试的产品都能够对彼此建立无线连接并传送互联网分组数据。在概念上,WiMAX 类似 WiFi,但性能有所改善,并允许使用更长的传送距离。

(9)蓝牙

蓝牙(Bluetooth)是一种无线个人局域网(Wireless PAN),最初由爱立信创制,后来由蓝牙技术联盟制订技术标准。

3.TCP/IP 协议

TCP/IP 包含了一系列构成因特网基础的网络协议。TCP/IP 模型也被称作"DoD 模型"(Department of Defense Model)。TCP/IP 字面上代表了两个协议:传输控制协议(Transmission Control Protocol,TCP)和网际协议(Internet Protocol,IP)。

(1)传输控制协议

TCP 是一种面向连接的、可靠的、基于字节流的运输层通信协议。在计算机网络 OSI 模型中,它完成第四层传输层所指定的功能。TCP 连接包括连接创建、数据传送和连接终止。

(2)网际协议

IP 是在 TCP/IP 协议中网络层的主要协议,任务仅仅是根据源主机和目的主机的地址传送数据。为此目的,IP 定义了寻址方法和数据报的封装结构。第一个架构的主要版本,现在称为"IPv4",仍然是最主要的互联网协议,但随着计算机数量的激增,世界各地正在积极部署 IPv6。

IP 地址,也称为"网际协议地址"。由于计算机网络的庞大,在网络中为了区别不同的计算机,也需要给计算机指定一个号码,这个号码就是"IP 地址"。设置 IP 地址如图 3-19 所示。常见的 IP 地址,分为 IPv4 与 IPv6 两大类。

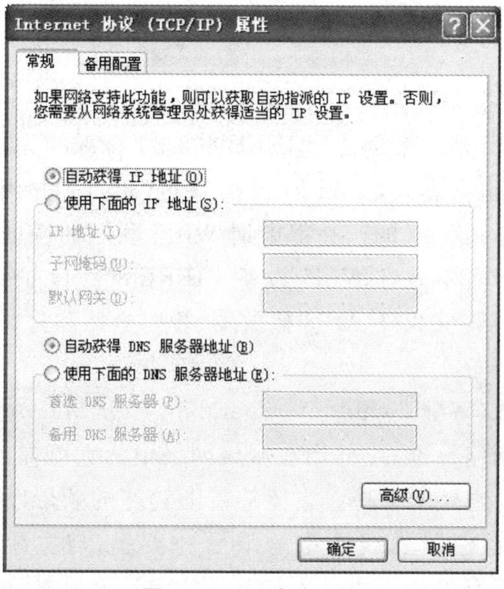

图 3-19　IP 地址设置

① IPv4 位址。Internet 上的每台主机（Host）都有一个唯一的 IP 地址。按照 TCP/IP 协议规定，IP 地址用二进制来表示，每个 IP 地址为 32 bit，即 4 个字节。但通常为了便于使用，常以×××.×××.×××.×××的形式表现，每组×××代表介于 0 和 255 之间的 10 进制数。例如，192.168.10.10。

IP 地址分为 A、B、C、D、E 共 5 类，由 InternetNIC 在全球范围内统一分配，常用的是 B 和 C 两类，D、E 类为特殊地址。其中 A、B、C 3 类，见表 3-1。

A 类 IP 地址的子网掩码为 255.0.0.0，每个网络支持的最大主机数为 $256^3-2=16777214$ 台。

B 类 IP 地址的子网掩码为 255.255.0.0，每个网络支持的最大主机数为 $256^2-2=65534$ 台。

C 类 IP 地址的子网掩码为 255.255.255.0，每个网络支持的最大主机数为 $256-2=254$ 台。

表 3-1　A、B、C 类 IP 地址

网络类别	最大网络数	第一个可用的网络号	最后一个可用的网络号	每个网络中的最大主机数
A	126	1	126	16777214
B	16383	128.1	191.255	65534
C	2097151	192.0.1	223.255.255	254

TCP/IP 协议需要针对不同的网络进行不同的设置，且每个节点一般需要一个"IP 地址"、一个"子网掩码"和一个"默认网关"。

子网掩码（Subnet Mask），又叫网络掩码、地址掩码、子网络遮罩，它是一种用来指明一个 IP 地址的哪些位标识的是主机所在的子网以及哪些位标识的是主机的位掩码。子网掩码不能单独存在，它必须结合 IP 地址一起使用。子网掩码只有一个作用，就是将某个 IP 地址划分成网络地址和主机地址两部分。

网关（Gateway），是一个用于 TCP/IP 协议的配置项，是可直接进行数据传输的 IP 路由器的 IP 地址，一台主机可有多个网关。默认网关是一台主机，如果找不到可用的网关，就把数据包默认发送到指定的网关，由这个网关来处理数据包。每台电脑的默认网关必须正确指定，否则电脑就会将数据包发给不是网关的电脑，导致无法进行正常网络通信。默认网关的设定有手动设置和自动设置两种方式。

② IPv6 位址。在互联网中，IP 地址是唯一的。目前 IP 技术可使用的 IP 地址约 42 亿个。但由于早期编码的问题，使很多编码实际上被丢空或不能使用，再加上互联网的普及，IPv4 的 42 亿个地址最终于 2011 年 2 月初用尽。IPv6，其 IP 地址数量最高可达 $3.402823669×1038$ 个。

IPv6 地址为 128 位，但通常写作 8 组，每组为 4 个十六进制数的形式，例如：

2001:0db8:85a3:0000:0000:0000:0370:7344

如果其中某 4 个数字都是零，则可以被省略为：

2001:0db8:85a3:0000::0000:0370:7344

如果因省略而出现了两个以上的冒号,则可以压缩为一个,但只能出现一次,如:
2001:0db8:85a3::0370:7344
当然,IPv4 也可转化为 IPv6。如 192.168.10.10 可转化为:
0::c0.a8.10.10

4.常见的网络设备

从以上所学知识可以了解到,计算机和计算机的连接从理论上已经可以实现了,那么在实际操作中又需要哪些设备来构建网络的骨架呢?

(1)集线器(HUB)

集线器的主要功能是对接收到的信号进行再生整形放大,以扩大网络的传输距离,同时把所有节点集中在以它为中心的节点上,以形成星型结构的一种网络设备(也常用于树型拓扑结构)。它工作于 OSI 参考模型的第一层,即"物理层"。

图 3-20 10BASE-T Ethernet Hub

集线器一般为长方体,背面有交流电源插座、开关、AUI 接口和 BNC 接口,正面的大部分位置分布有若干 RJ-45 接口。在正面的左边还有与每个 RJ-45 接口对应的 LED 接口状态指示灯,如图 3-20 所示。

当然集线器的使用不仅只局限与计算机之间的网络连接,随着 USB 设备的日渐普及,随之诞生的 USB 集线器也日渐多样化,如图 3-21 所示。

小技巧	在选择集线器时,如宿舍内部局域网,计算机数量相对较少,网络通信流量较小,通常选择 **10 Mbps** 或 **100 Mbps** 的集线器。由于连接在集线器上的所有站点均争用同一个上行总线,所以连接的端口数目越多,就越容易造成冲突。同时,发往集线器任一端口的数据将被发送至与集线器相连的所有端口上,端口数过多将降低设备有效利用率。一般一个 **10 Mbps** 集线器所管理的计算机数量不宜超过 15 个,**100 Mbps** 的不宜超过 **25** 个。如果超过,应使用交换机来代替集线器。

(2)交换机(Switch)

交换机是一种用于电信号转发的网络设备,如图 3-22 所示。它可以为接入交换机的任意两个网络节点提供独享的电信号通路。最常见的交换机是以太网交换机,其他常见的还有电话语音交换机、光纤交换机等。交换机能把用户线路、电信电路和其他需要互连的功能单元根据单个用户的请求连接起来。

交换机和集线器从连接上非常相似,但本质区别在于:当 A 发信息给 B 时,如果通过集线器,则接入集线器的所有网络节点都会收到这条信息(也就是以广播形式发送),只是网卡在硬件层面就会过滤掉不是发给本机的信息;而如果通过交换机,除非A 通知交换机广播,否则发给 B 的信息 C 绝不会收到(获取交换机控制权限从而监听的情况除外)。

注意	交换机即插即用,无需进行复杂配置(高级别交换机需进行交换机设置),适用于家庭及小范围办公。交换机可以有多个宽带账号一起使用,共用一个插口(墙壁上的),账号间互不影响,基本上不会影响到彼此的带宽。

图 3-21　USB 集线器

图 3-22　TP-LINK 5 口的交换机

(3)路由器(Router)

路由器是为信息流或数据分组选择路由的设备。它连接因特网中各种局域网、广域网,根据信道的情况自动选择和设定路由,以最佳路径、按顺序发送信号。可见路由器的一个作用是连通不同的网络;另一个作用是选择信息传送的线路。

目前,由于越来越多的无线数码产品的诞生,间接促使无线宽带路由器的使用逐渐普及,在因特网各种级别的网络中随处都可见各种类型的路由器。无线网络路由器是一种用来连接有线和无线网络的通讯设备,它可以通过 Wi-Fi 技术收发无线信号来与个人数码产品和笔记本等设备进行通讯。

计算机与计算机(包括打印机、扫描仪等数码设备)可以直接通过网线连接,也可通过网络连接设备进行连接,组成局域网实现资源共享。通常连接包含两方面:一是硬件设备的连接;二是软件的安装。

注意	硬件连接要同时考虑使用的目的、方式、环境。软件的安装包括驱动程序的安装和设备的设置。

任务三 浏览信息与检索文献

任务描述

　　网络中的信息量极大,内容涉及政治、经济、文化、天文,地理,娱乐,军事、教育、科技、体育等,可谓无所不包,无所不有。大量网上的共享资源不仅为我们的学习提供了方便,而且开拓了我们的视野,丰富了我们的生活。本节通过"万方 数据库"的搜索完成以下学习内容:

　　➢ 了解搜索引擎　　　　　　　　➢ 了解域名系统
　　➢ 掌握使用搜索引擎查找文件

任务分析

　　搜索引擎指自动从因特网搜集信息,经过一定整理以后,提供给用户进行查询的系统。因特网上的信息浩瀚万千,毫无秩序,所有的信息像汪洋上的一个个小岛,网页链接是这些小岛之间纵横交错的桥梁,而搜索引擎,则为用户绘制一幅一目了然的信息地图,供用户随时查阅。目前较为优秀的中文搜索引擎有:百度、天网、搜狐、雅虎、新浪搜索。而知名度较高的国外搜索引擎则有:AltaVista、Google、Infoseek、LookSmart、Excite、Lycos、MSN Search 等。本任务将学习以下内容:

　　➢ 打开 IE 浏览器　　　　　　　　➢ 打开百度搜索引擎
　　➢ 搜索"万方 数据库"

任务实施

　　【步骤一】打开 IE 浏览器。
　　双击桌面 IE 浏览器图标,打开 IE 浏览器界面。
　　【步骤二】打开百度搜索引擎。
　　单击 IE 浏览器界面的地址栏,并键入"www.baidu.com"。
　　【步骤三】搜索"万方 数据库"。
　　在"百度一下"按钮左侧的搜索栏中输入"万方 数据库",单击"百度一下"按钮。搜索结果如图 3-23 所示。

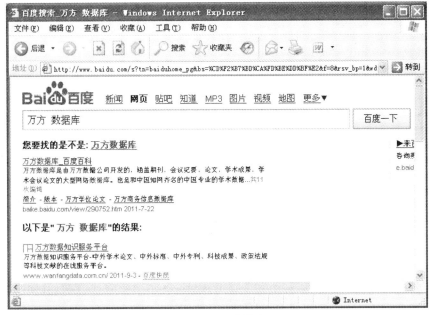

图 3-23 百度搜索

知识链接

1.网络搜索引擎使用技巧

（1）关键词的选择

在查找资源时,要求选择合适的关键词进行查询,关键词要能够表达查找资源的主题,不要选用一些没有实质意义的词（介词、连词、虚词）作为关键词。通常情况下选用专业名词进行信息检索,如电子信息、英语等。同时,还要注意使用同义词来约束该关键词,才能保证检索结果的全面性和准确性。

（2）使用逻辑词来缩小查找范围

搜索引擎大都支持使用逻辑词进行更复杂的搜索界定,常用的有：AND、OR、NOT 及 NEAR（两个单词的靠近程度）,恰当应用它们可以使搜索结果更加精确。

（3）使用双引号进行精确匹配

如果查找的是一个词组或短语,最好的办法就是将它们用双引号引用起来,这样整个短语将作为一个关键词进行检索,得到的结果将最少、最精确。如"永不言弃",若不用引号,则凡是网页中包含这两个关键词之一的网页都会呈现出来,反之则只呈现包含该短语的网页,检索的精确度将大幅度地提高。

（4）使用加减号限定查找

很多搜索引擎都支持在关键词前冠以加号"＋"限定搜索结果中必须包含的词汇,用减号"－"限定搜索结果不能包含的词汇。这样也可以减少检索噪音,提高准确率。

（5）细化查询

大部分搜索引擎都提供了对搜索结果进行细化与再查询的功能,如有的搜索引擎在结果中有"查询类似网页"的按钮,还有一些则可以对得到的结果进行进一步的查询,在实践中应注意熟练运用各种搜索引擎的特殊功能。另外,还可以使用搜索引擎中的高级选项,以更快地获得自己所需要的更多的资源。

(6)利用选项界定查询

目前,越来越多的搜索引擎开始提供更多的查询选项,利用这些选项可以轻松地构造比较复杂的搜索模式,进行更为精确的查询,更好地控制查询结果的显示。

2.域名系统

域名类似于计算机在因特网上的门牌号码,我们知道,每一个与网络相连接的计算机和服务器都被指派了一个独一无二的地址。为了保证网络上每台计算机的 IP 地址的唯一性,用户必须向特定机构申请注册,分配 IP 地址。网络中的地址方案分为 IP 地址系统和域名地址系统,并且它们之间是一一对应的关系。

由于 IP 地址是数字标识,对于普通用户的使用不是很方便,因此在 IP 地址的基础上又发展出一种符号化的地址方案,来代替数字型的 IP 地址。例如,可以在"地址栏"输入"www.baidu.com"或"百度"。

每一个符号化的地址都与特定的 IP 地址相对应,这样网络上的资源访问起来就容易得多了。这个与网络上的数字型 IP 地址相对应的字符型地址,被称为"域名"。

(1)国际域名

国际域名也叫"国际顶级域名"。这也是使用最早也最广泛的域名。如表示工商企业的".com",表示网络提供商的".net",表示非盈利组织的".org"等。

(2)国内域名

国内域名称为"国内顶级域名",即按照国家的不同分配不同后缀,这些域名即为该国的国内顶级域名。目前,200 多个国家和地区都按照 ISO 3166 国家代码分配了顶级域名,例如,中国是"cn",美国是"us",日本是"jp"。

通常域名中的标号都由英文字母和数字组成,每一个标号不超过 63 个字符,也不区分大小写字母。标号中除连字符"."外不能使用其他的标点符号。级别最低的域名写在最左边,而级别最高的域名写在最右边。由多个标号组成的完整域名总共不超过 255 个字符。

任务四 利用网络下载文件

任务描述

信息资源是指人类通过一系列的认识和创造过程,采用符号形式储存在一定载体之上可供利用的信息,而网络资源则是一种特殊的信息资源。随着网络化的普及,越来越多的网络资源也随之产生,网络已成为人们日常工作和生活中必不可少的信息来

源渠道。通过网络下载,可以获得各种网络资源,供人们使用。在本任务中,主要完成以下内容的学习:

> 认识文件下载方式
> 了解 Internet 相关服务

任务分析

网络实现了资源共享,但是并非所有网页都提供资源供他人下载。本节介绍通过 IE 浏览器搜索引擎,查找提供相应目标文件下载的网站。本任务分为以下两个步骤:

> 下载文件阅览器 Adobe Reader X (10.1.0)
> 下载 360 安全卫士

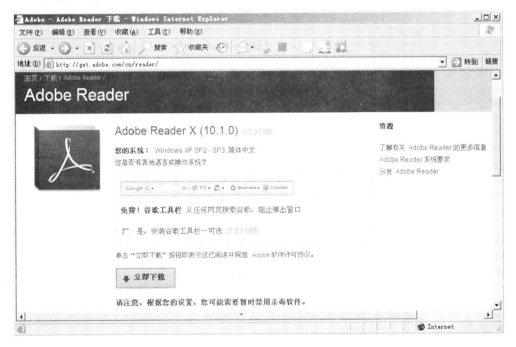

图 3-24 Adobe Reader X (10.1.0)官方下载页面

任务实施

【步骤一】下载文件阅览器 Adobe Reader X (10.1.0)。

双击 IE 浏览器图标,在地址栏中输入 http://get.adobe.com/cn/reader/,打开 Adobe Reader X(10.1.0)官方下载页面,在此页面中单击"立即下载",然后选择"保存文件",选择保存路径进行保存文件,如图 3-24 所示。

【步骤二】下载 360 安全卫士。

双击 IE 浏览器图标,在地址栏中输入 http://www.360.cn/,打开 360 下载界面。

通过"普通下载"下载 360sd_setup_se_3.0.0.2093P.exe 文件。双击运行该文件,由于 360 属于安全类文件,则提供下载方仅提供下载安装相关的 exe 文件,进行 360 安全卫士的自动下载与安装。

知识链接

1.文件下载方式

（1）普通下载

在需要下载的目标文件上,双击左键,会弹出下载提示;或者右键单击,在弹出窗口中选择"下载"或"目标另存为"进行下载。

（2）种子文件下载

种子文件一般都只有几 K,非常小。首先进行种子下载,下载完成后再利用迅雷等下载工具进行打开种子,接着进行文件下载。

（3）地址下载

部分下载文件提供的是 ftp：****** 或 http：****** 形式的链接,可将其复制到 IE 浏览器的地址栏中;或打开迅雷等下载工具,单击"文件"菜单,选择"下载链接"粘贴地址,进行下载。

（4）其他方式下载

很多较大文件或安全性较高的文件,提供下载方会将下载和安装打包,下载方仅提供下载安装相关的 exe 文件,只需要单击"运行"就可进行文件下载安装。由于该类型文件下载和安装都是在线运行的,故若无网络该类型文件将无法正常安装执行。

2.Internet 服务

（1）万维网（WWW）

万维网（World Wide Web）,亦作 Web、WWW、W3,是一个由许多互相链接的超文本文档组成的系统,通过因特网可以访问。在这个系统中,资源由一个全局"统一资源标识符"（URI）标识,通过超文本传输协议传送给用户,而用户则通过单击链接来获得资源。万维网常被当成因特网的同义词,这是一种误解,万维网是靠着因特网运行的一项服务。

（2）超文本标记语言（HTML）

超文本标记语言（Hyper Text Mark-up Language，HTML）,是 WWW 的描述语言,通过 HTML 可以将存放在一台电脑中的文本或图形与另一台电脑中的文本或图形方便地联系在一起,形成有机的整体,人们不用考虑具体信息是在当前电脑上还是在网络的其他电脑上。这样只要单击网页中的链接图标,Internet 就会立刻转到与此图标相链接的内容上去,而这些信息可能存放在网络的某一台电脑中。

HTML 文本是由 HTML 命令组成的描述性文本,HTML 命令可以说明文字、图形、动画、声音、表格、链接等。HTML 的结构包括头部（Head）、主体（Body）两大部分。头部描述浏览器所需的信息，主体包含所要说明的具体内容。

（3）统一资源定位器（URL）

统一资源定位器（Uniform Resource Locator，URL）是因特网上标准的资源地址，URL 地址格式排列为：

资源类型：//服务器地址（必要时需加上端口号）/路径/文件名。

资源类型（scheme）：指出 WWW 客户程序用来操作的工具。如"http：//"表示 WWW 服务器，"ftp：//"表示 FTP 服务器。

服务器地址（host）：指出 WWW 页所在的服务器域名。

端口（port）：有时（并非总是这样）对某些资源的访问，需给出相应的服务器的端口号。

路径（path）：指明服务器上某资源的位置（其格式与 DOS 系统中的格式一样，通常结构为"目录/子目录/文件名"）。与端口一样，路径并非总是需要的。

（4）文件传输协议（FTP）

文件传送协议（File Transfer Protocol，FTP）是 Internet 文件传送的基础。通过该协议，用户可以从一个 Internet 主机向另一个 Internet 主机传输文件。

（5）电子邮件（E-mail）

电子邮件（E-mail），又称"电子函件"，是指通过因特网进行书写、发送和接收信件。电子邮件是因特网上最受欢迎且最常用到的功能之一。

（6）电子公告牌系统（BBS）

电子公告牌系统（Bulletin Board System，BBS）是一种软件，允许用户使用终端程序通过调制解调器拨接或者因特网来进行连接，拥有下载数据或程序、上传数据、阅读新闻、与其他用户交换消息等功能。

（7）远程登录（Telnet）

Telnet 是 Internet 的远程登录协议的意思，它可以让人们坐在自己的计算机前通过 Internet 网络登录到另一台远程计算机上，这台计算机可以在隔壁的房间里，也可以在地球的另一端。当登录上远程计算机后，人们自己的电脑就仿佛是远程计算机的一个终端，可以用它直接操纵远程计算机，享受远程计算机和本地终端一样的权力。在远程计算机上不仅可以启动一个交互式程序，还可以检索远程计算机的某个数据库，或是利用远程计算机强大的运算能力对某个方程式进行求解。

任务五　申请电子邮箱

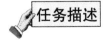 **任务描述**

电子邮件（E-mail）是一种通过网络实现相互传送和接收信息的现代化通信方式。

用户可以用非常低廉的价格,以非常快速的方式,与世界上任何一个角落的网络用户联系。电子邮件可以是文字、图像、声音等各种形式。本任务主要学习以下内容:

- ➢ 了解 E-mail 地址
- ➢ 学习申请 E-mail 邮箱
- ➢ 掌握 E-mail 的使用

任务分析

电子邮件地址"USER@域名"的格式由三部分组成。第一部分"USER"代表用户信箱的账号,对于一个邮件接收服务器来说,这个账号必须是唯一的,通常是申请时的用户名;第二部分"@"是分隔符;第三部分是用户信箱的邮件接收服务器域名,用以标志其所在的位置(本节以 163 邮箱为例)。本任务分为以下几个步骤进行:

- ➢ 打开 163 免费邮箱申请页面
- ➢ 填写个人信息完成注册
- ➢ 填写信息
- ➢ 添加附件实现邮件发送

图 3-25　注册网易免费邮箱

任务实施

【步骤一】打开 163 免费邮箱申请页面。

双击 IE 浏览器图标,在地址栏中输入 http：∥email.163.com/,单击页面"申请网易免费邮"按钮,进入 163 免费邮箱申请页面。

【步骤二】填写个人信息完成注册。

1.按照 163 服务器要求进行信息填写,如图 3-25 所示。

2.单击"立即注册"按钮,就有了一个属于自己的邮箱 yixueyuanxiao@163.com。

【步骤三】填写信息。

1.打开 163 邮箱登录页面 http：∥email.163.com/,并输入账号"yixueyuanxiao"和相应密码,单击"登录"按钮。

2.在打开的页面里可以进行信息的填写。

【步骤四】添加附件实现邮件发送。

1.如果需要添加其他文件,可以通过单击"添加附件"(不同的邮箱对上传附件的大小有不同的要求),在弹出的对话框中选择文件,并通过单击"打开"进行文件上传,如图 3-26 所示。

2.添加附件后,要注意文件上传至服务器的等待状态。如果附件上传完毕,页面"添加附件"按钮下就会显示文件名称及文件上传状态。若附件不符合自己的要求也可以点击"删除"。

3.邮件检查无误后点击"发送"。

图 3-26　163 邮箱

思考与练习

一、填空题

1.在当前的网络系统中,根据网络覆盖面积的大小、技术条件和工作环境不同,通常分为广域网、_____、和城域网。

2.网络_____决定了网络的传输速率、网络段的最大长度、传输的可靠性及网卡的复杂性。

3.目前常用的网络连接器主要有中继、网桥、_____和网关。

4.以太网的拓扑结构大多采用总线型,允许电缆的最大长度为 50 米,传输速率为_____。

5.在计算机网络中,所谓的"资源共享"主要是指硬件、软件和_____资源。

6.在地址栏中输入 http://zh.wikipedia.org,其中 zh.wikipedia.org 是_____。

7.现在常用的 IP 地址是由_____位二进制数组成。

8.张三以自己姓名的简写和符号(zhangsan_2014)申请了搜狐邮箱,他的邮箱地址为_____。

二、判断题(在每小题题后的括号内,正确的打"√",错误的打"×")

1.对于利用调制解调器接入 Internet 的小型用户来说,进入 Internet 需要通过 ISP 来实现。   (   )

2.因特网上的服务都是基于某种协议,WWW 服务基于的协议是 HTTP 协议。
                                                          (   )

3.在因特网上搜索信息,可以使用一些网站提供的搜索引擎。   (   )

4.在星型拓扑中,网络中的工作站均连接到一个中心设备上,因此对网络的调试和维护十分困难。   (   )

5.在因特网上,每台计算机的 IP 地址都是唯一的。   (   )

6.因特网上的计算机之间是通过 IP 地址来进行通信的,输入的域名必须转换成 IP 地址,才能实现对网站的访问。   (   )

7."http://www.163.com"是一个标准的电子邮箱地址。   (   )

8.IP 电话比普通电话的话费要便宜,是因为 IP 电话利用计算机网络实现语音通信,IP 电话的音质没有普通电话的音质好,是因为计算机网络的线路没有普通电话的线路抗干扰能力强。   (   )

9.Web 站点的网页文件夹一般存储于 Web 服务器上。   (   )

10.因特网接入方式中的 ISDN 和 ADSL 接入方式均属虚拟拨号的连接方式。
                                                          (   )

三、单项选择题(在备选答案中选择一个正确答案)

1.计算机网络的最大优点是(   )。

    A. 加快计算速度   B. 增大存储容量

    C. 实现资源共享   D. 节省人力资源

2. 传输速率的单位是 bps,其含义是（　　　）。

    A. Baud Per Second
              B. Bytes Per Second

    C. Billion Per Second
             D. Bits Per Second

3. 把同种或异种类型的网络相互连起来,叫做（　　　）。

    A. 广域网
              B. 因特网

    C. 局域网
              D. 万维网（WWW）

4. 网络协议是（　　　）。

    A. 数据转换的一种格式

    B. 计算机与计算机之间进行通信的一种约定

    C. 调制解调器和电话线之间通信的一种约定

    D. 网络安装规程

5. 下列对于计算机网络拓扑的描述中,错误的是（　　　）。

    A. 计算机网络拓扑是通过网络中结点与通信线路之间的几何关系表示网络结构

    B. 计算机网络拓扑结构对网络性能和系统可靠性有重大影响

    C. 计算机网络拓扑主要指的是资源子网的拓扑结构

    D. 计算机网络拓扑结构反映出网络中各实体间的结构关系

6. 局域网常用的网络拓扑结构是（　　　）。

    A. 总线型、星型和树型
        B. 星型和环型

    C. 总线型、星型和环型
       D. 总线型和星型

7. Internet 网的通信协议是（　　　）。

    A. X. 25
       B. CSMA/CD
       C. TCP/IP
       D. CSMA

8. 数据传输的可靠性指标是（　　　）。

    A. 速率
              B. 带宽

    C. 传输失败的二进制信号个数
    D. 误码率

9. 为了保证整个网的正确通信,Internet 为联网的每个网络和每台主机都分配了唯一的地址,该地址由纯数字并用小数分隔,将它称为（　　　）。

    A. TCP 地址
           B. IP 地址

    C. WWW 服务器地址
     D. WWW 客户机地址

10. 下列 IP 地址正确的是（　　　）。

    A. 192.168.256.1
       B. 127.251.153.1.78

    C. 10.0.0.11
          D. 172.16.135.1

11. 电子邮件系统的核心是（　　　）。

    A. 电子邮箱
          B. 邮件服务器

    C. 邮件地址
          D. 邮件客户机软件表

12. 调制解调器的功能是实现（　　　）。

    A. 数字信号的编码
       B. 数字信号的整形

    C. 模拟信号的放大
       D. 数字信号与模拟信号的转换

四、项目实训题

1.将两台普通计算机 A 和 B 用交叉线连接起来互相通信。

(1)需要准备哪些设备和工具?

(2)选择交叉线两头的线序(用颜色顺序表示),交叉线按 EIA/TIA-568 标准制作。

(3)给两台计算机 A 和 B 分别配置一个 C 类的 IP 地址,子网掩码用 C 类地址默认掩码。

(4)用什么命令可以查看两台计算机是否连通?

2.在网上找到了一部好电影,想把这部电影下载到自己的电脑上。但是影片的容量比较大,那么该怎样提高下载速度呢?

(1)普通下载的速度大约是多少?

(2)可以使用哪些多线程下载工具?

(3)使用多线程下载工具下载文件时的速度大约是多少?

3.在网上查找提供免费邮箱的服务器,申请自己的邮箱,并成功发送邮件。

项目四

使用 Word 2007 编辑文档

 ## 学习情境

博瑞职业技术学院制作了一份《报考指南》，用于向广大考生和家长介绍学院的相关情况。报考指南包括学院简介、专业介绍及招生计划等内容。

文字处理软件可用于制作个人简历、策划书及申报表等各种文档。Word 是目前最流行的、专门用于文字处理的软件。本项目将使用 Microsoft Office Word 2007 制作博瑞职业技术学院的报考指南，制作完成的文档可以打印出来观看，也可以发布到网上作为宣传资料。制作完成的效果如图 4-1 所示。本项目主要包括以下任务：

↪ 制作报考指南封面
↪ 制作学院简介页面
↪ 制作专业介绍页面
↪ 制作招生计划页面

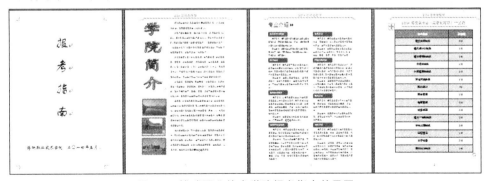

图 4-1　博瑞职业技术学院报考指南效果图

任务一　　制作报考指南封面

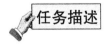 **任务描述**

在本任务中，通过制作报考指南的封面，主要完成以下内容的学习：

- 认识 Word 2007 的操作界面
- 创建空白文档并保存
- 在文档中输入文本
- 设置字符的格式
- 设置段落的格式

任务分析

文档的第一页通常是封面，包含文档的标题、制作单位等信息。报考指南封面的最终效果如图 4-2 所示。本任务分为以下几个步骤进行：

- 创建空白文档
- 在文档中输入文字
- 设置字符格式
- 设置段落格式
- 保存文档

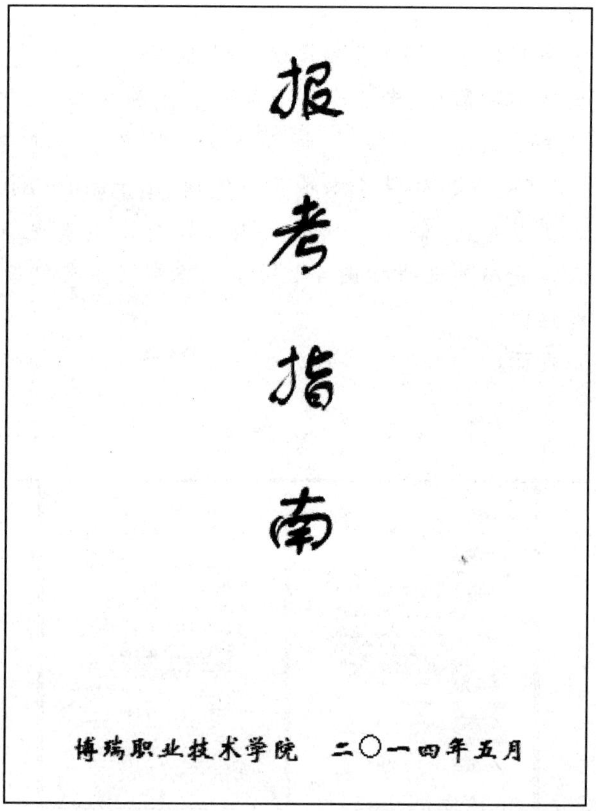
报考指南

博瑞职业技术学院　二〇一四年五月

图 4-2　某职业技术学院报考指南封面

任务实施

【步骤一】创建空白文档。

1. 选择“开始”→“所有程序”→“Microsoft Office”→“Microsoft Office Word 2007”选项，启动 Word 2007 文字处理软件，将打开 Word 的编辑窗口，此时系统默认创建一

个名为"文档1"的空白文档,如图4-3所示。

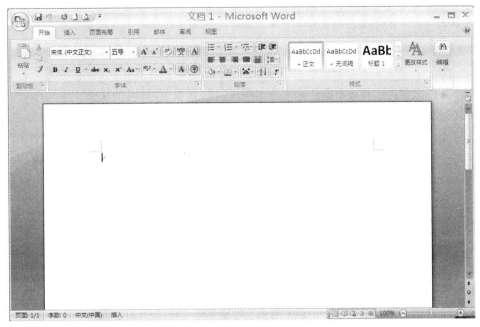

图 4-3　Word 2007 窗口

Word 2007 的窗口由以下几部分组成:

(1)标题栏:位于 Word 2007 窗口的最顶端,标题栏上显示了当前编辑的文档名称及应用程序的名称,其右侧是 3 个窗口控制按钮,用于对 Word 2007 窗口执行最小化、最大化/还原和关闭操作,如图4-4所示。

图 4-4　标题栏

(2)Office 按钮 :位于窗口的左上角,单击该按钮,可在弹出的菜单中执行新建、打开、保存、打印以及关闭等操作。

(3)快速访问工具栏:位于 Office 按钮的右侧,它列出了一些使用频率较高的工具按钮,例如,"保存"、"撤销"、"恢复"和"新建"等按钮。若用户想要自定义快速访问工具栏中包含的工具按钮,可单击该工具栏右侧的"其他"按钮 ,]在弹出的菜单中选择要向其中添加或删除的工具按钮。另外,通过该菜单,还可以设置"快速访问工具栏"的显示位置。

(4)功能区:Word 2007 将用于文档编辑的所用命令组织在不同的选项卡中,显示在功能区上。单击不同的选项卡,可切换功能区中显示的工具命令。在每一个选项卡中,命令又被分类放置在不同的组中,如图4-5所示。

图 4-5　功能区

（5）状态栏：位于窗口的最底部，用于显示文档的一些相关信息，如当前的页码及总页数、文档包含的字数、校对检查、编辑模式、视图工具栏按钮和视图大小调整栏等，如图4-6所示。

图4-6　状态栏

（6）工作区：位于 Word 窗口中心的空白区域，是文档编辑的主要场所。工作区中闪烁的竖线称为"光标"，用于显示当前文档正在编辑的位置。工作区的上方和左侧分别显示有水平标尺和垂直标尺，用于指示文字在页面中的位置，可以单击工作区右上角的标尺按钮将其显示或隐藏起来。当文档内容不能完全显示在窗口中时，在工作区的右侧和下方会显示垂直滚动条和水平滚动条，通过拖动滚动条上的滚动滑块，可查看隐藏的内容。

【步骤二】在文档中输入文字。

在工作区中输入"报"，然后按"Enter"键开始新的段落，此时光标将显示在第二行的开始处，继续输入"考"，按照此方法，依次在第三行输入"指"，第四行输入"南"，第五行输入"博瑞职业技术学院　2014年5月"。输入文字后的工作区，如图4-7所示。

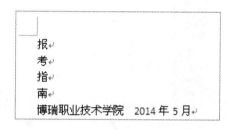

图4-7　输入文字后的工作区

【步骤三】设置字符格式。

1.选中"报考指南"，选择"开始"选项卡→"字体"分组→"字体"，在列表中选择"方正舒体"；选择"开始"选项卡→"字体"分组→"字号"，在编辑框中输入"70"。

2.选中"博瑞职业技术学院　2014年5月"，单击"字体"分组右下角的对话框启动器，打开"字体"对话框，如图4-8所示。在"字体"选项卡中，设置"中文字体"为"华文新魏"，"字形"为"常规"，"字号"为"二号"，单击"确定"按钮。

图4-8　"字体"对话框

小技巧	**Word 2007** 新增了一项"浮动工具栏"功能,利用"浮动工具栏"可以非常方便地对字体、字形、字号、对齐方式、文本颜色、缩进和项目符号等进行设置。选中要设置的文本后,就会显示"浮动工具栏",如图 4-9 所示。

【步骤四】设置段落格式。

1. 选中已输入的 5 个段落,选择"开始"选项卡→"段落"分组→"居中" ，将这 5 个段落的文本居中对齐。

图 4-9　浮动工具栏

小技巧	设置段落格式时,只需让光标停留在段落内即可,不必选中段落的所有内容。

段落的对齐方式有 5 种,分别是左对齐、居中、右对齐、两端对齐和分散对齐。默认情况下,输入的文本段落呈两端对齐。

2. 选中段落"报",单击"段落"分组右下角的对话框启动器,打开"段落"对话框,如图 4-10 所示。在"缩进和间距"选项卡中,设置"段前"间距为 3。使用同样方法设置段落"南"的"段后"间距为 7。段间距是指相邻两个段落之间的距离。

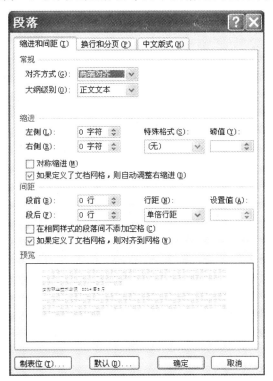

图 4-10　"段落"对话框

【步骤五】保存文档。

选择"Office 按钮"→"保存",打开"另存为"对话框,如图 4-11 所示。设置保存位置为"我的文档",文件名为"博瑞职业技术学院报考指南.docx",单击"保存"按钮。

 注意　Word 2007 文档的扩展名是".docx",如果要与 Word 2003 兼容,则需将扩展名改为".doc"。

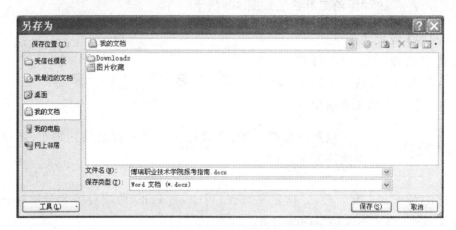

图 4-11　"另存为"对话框

 小技巧　为了减少死机、停电等意外情况对文档编辑工作造成的损失,可以设置文档自动保存。其操作方法是:选择"Office 按钮"→"Word 选项",打开"Word 选项"对话框,单击左侧的"保存"主题,在右侧的"保存自动恢复信息时间间隔"编辑框中输入或调整时间值,如图 4-12 所示。

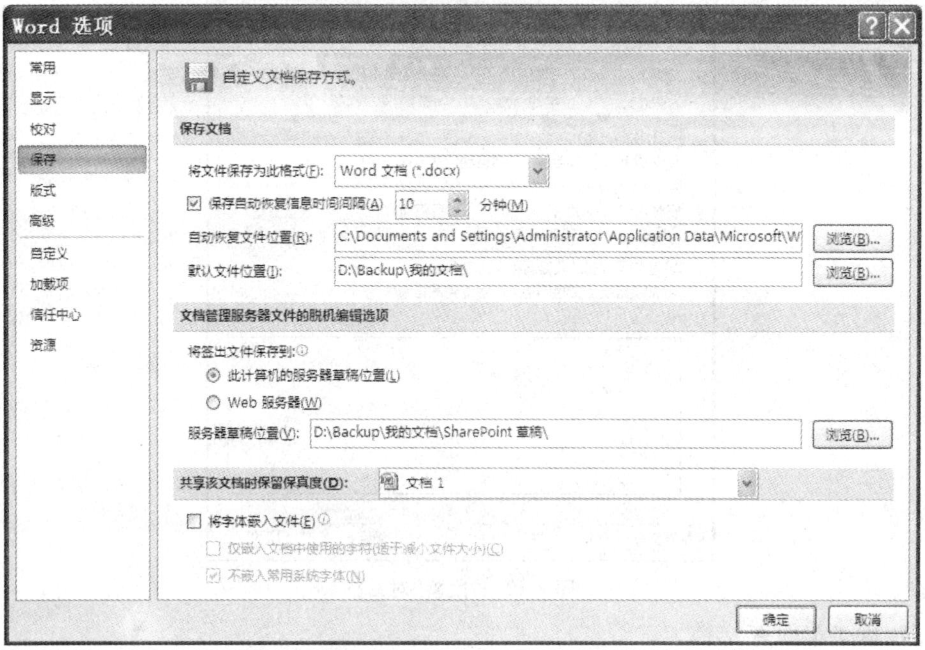

图 4-12　"Word 选项"对话框

知识链接

1.使用模板创建文档

除了空白文档,Word 2007 还自带了各种模板,如简历、报告、信函、名片等。模板中包含了该类型的文档的特定格式,套用模板新建文档后,只需在相应位置添加内容,就可以快速创建各种类型的专业文档。使用模板创建文档的操作过程为:

(1)选择"Office 按钮"→"新建",打开"新建文档"对话框,如图 4-13 所示。在该对话框中选择"已安装模板",将显示各种已安装的模板的预览图片。

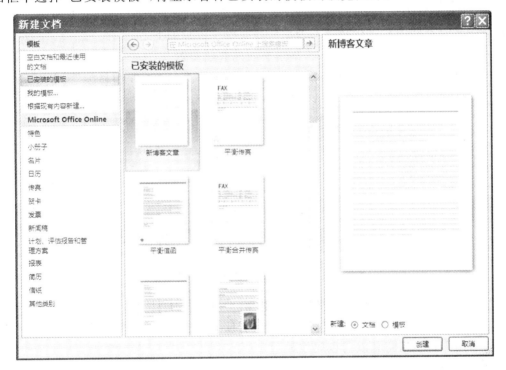

图 4-13 "新建文档"对话框

(2)在列表中选择需要的模板,然后单击"创建"按钮,即可创建对应的文档。

2.为文档加密码

为防止陌生人查看或修改文档,可以为文档添加密码,操作过程为:

(1)打开要添加密码的文档。

(2)选择"Office 按钮"→"准备"→"加密文档",打开"加密文档"对话框,如图 4-14 所示。输入密码后单击"确定"按钮,打开"确认密码"对话框,如图 4-15 所示。输入同样的密码后,单击"确定"按钮。设置密码后,需保存文档,否则添加的密码无效。

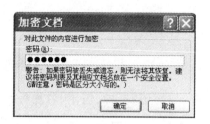

图 4-14 "加密文档"对话框

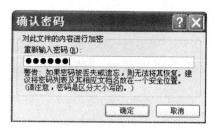

图 4-15 "确认密码"对话框

3.文本的查找与替换。

查找和替换是文字处理软件中一个非常有用的功能,利用它可以方便地找到特定内容,或者对某些内容进行替换。查找与替换操作过程如下:

(1)在文档中的某个位置单击,确定查找的起始位置。

(2)选择"开始"选项卡→"编辑"分组→"替换",打开"查找和替换"对话框,如图4-16所示。

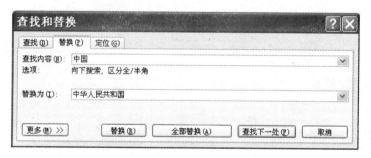

图 4-16 "查找和替换"对话框

(3)在"替换"选项卡中输入要查找的内容,例如"中国"。

(4)单击"查找下一处"按钮,Word 将自起始处进行查找,并停留在文档中第一次出现"中国"的位置,将其以蓝色底纹显示。

(5)在"替换为"编辑框中输入文字,如"中华人民共和国"。

(6)单击"替换"按钮,找到的"中国"被替换为"中华人民共和国",下一个"中国"以蓝色底纹显示,重复上述操作可将其替换;若单击"全部替换"按钮,Word 会将文档中全部的"中国"替换为"中华人民共和国",替换完成后,Word 会自动弹出一提示框,提示用户完成操作。

4.设置段落的缩进方式

段落缩进是指段落相对左右页边距向页内缩进一段距离。例如,一般情况下,段落的第一行要比其他行缩进两个字符。设置段落缩进可使段落层次更加清晰和有条理,方便阅读。段落缩进的方式包括左缩进、右缩进、首行缩进和悬挂缩进等。

设置段落缩进可以使用多种方式,如使用"Tab"键、标尺、"开始"选项卡上"段落"分组中的缩进按钮或利用"段落"对话框等。

5.设置行间距

行间距是指行与行之间的距离。默认情况下，Word 中文本的行距为单倍行距。当文本的字号或字体发生变化时，Word 会自动调整行距。设置行距，可选择"开始"选项卡→"段落"分组→"行距"，在列表中选择所需的行距类型，也可以在"段落"对话框中设置。

课堂练习

1.按照图 4-17 所示，制作一个策划书的封面。

予我诗歌　颂我中国
——庆建党90周年系列活动

策
划
书

主办单位：博瑞职业技术学院

承办组织：院团委

图 4-17　活动策划书封面

2.使用模板，创建个人简历。

任务二　制作学院简介页面

任务描述

在本任务中,通过制作学院简介页面,主要完成以下内容的学习:

- 在文档中插入分页符
- 在文档中插入图片
- 在文档中插入艺术字
- 在文档中插入文本框

任务分析

学院简介页面包含有文字和图片,预期的效果如图 4-18 所示。本任务分为以下几个步骤进行:

- 插入分页符
- 插入图片
- 保存文档
- 插入艺术字
- 使用文本框输入文本

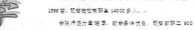

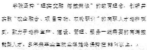

图 4-18　学院简介页面

任务实施

【步骤一】插入分页符。

将光标定位到"2014 年 5 月"的后面,选择"插入"选项卡→"页"分组→"空白页",插入一个空白页。

【步骤二】插入艺术字。

1.选择"插入"选项卡→"文本"分组→"艺术字"→"艺术字样式 6",打开"编辑艺术字文字"对话框,如图 4-19 所示。

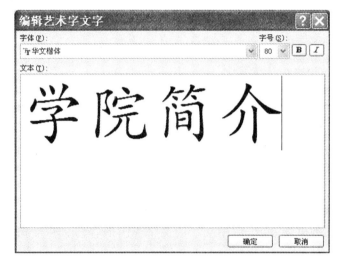

图 4-19 "编辑艺术字文字"对话框

2.输入"学院简介",并设置"字体"为"华文楷体","字号"为"80",然后单击"确定"按钮。

3.选中艺术字,选择"艺术字工具 格式"选项卡→"阴影效果"分组→"阴影效果"→"阴影样式 2"。

4.选择"艺术字工具 格式"选项卡→"艺术字样式"分组→"形状填充"→"渐变"→"中心辐射"。

【步骤三】插入图片。

1.选择"插入"选项卡→"插图"分组→"图片",打开"插入图片"对话框,如图 4-20 所示。

2.在对话框中选中"1.jpg",然后单击"插入"按钮。

3.选中插入的图片,然后选择"图片工具 格式"选项卡→"大小"分组,设置宽度为"4"。

4.选择"图片工具 格式"选项卡→"排列"分组→"文字环绕"→"浮于文字上方"。

5.使用同样的方法插入素材"2.jpg"和"3.jpg",并对这两张图片进行同样的设置。

6.将鼠标指针移至图片上方,按住鼠标左键不放,拖动鼠标,即可调整图片在文档中的位置。调整 3 张图片的位置,效果如图 4-18 所示。

图 4-20 "插入图片"对话框

 小技巧　　　使用方向键可以调整图片的位置,配合"Ctrl"键还可以进行微调。

【步骤四】使用文本框输入文本。

文本框是指一种可移动、可调整大小的文字或图形容器。在文档中使用文本框的操作过程为:

1.选择"插入"选项卡→"文本"分组→"文本框"→"简单文本框"。

2.选定文本框,选择"文本框工具 格式"选项卡,在"大小"分组中设置"高度"为"24厘米","宽度"为"10厘米"。

3.选择"文本框工具 格式"选项卡→"排列"分组→"位置"→"其他布局选项",打开"高级版式"对话框,设置水平的"绝对位置"为"4.4厘米",垂直的"绝对位置"为"0",如图 4-21 所示。

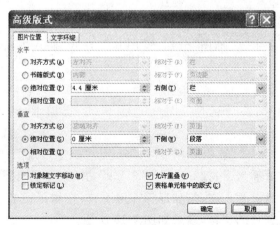

图 4-21 "高级版式"对话框

4.在文本框中输入以下内容,并设置行距为1.5倍。

博瑞职业技术学院是全日制普通高等学校,学院占地1598亩。现有在校高职生14000多人。

学院师资力量雄厚,教学条件优良,现有教职工600余人,其中副高以上职称教师近200人,居省内同类院校前列。有多名教师荣获"全国模范教师"、"国家级教学名师"、"省级教学名师"光荣称号和享受政府特殊津贴;一批教师被国家教育部、省政府评为"优秀教师"。

学院现设有8系(材料工程系、电气工程系、纺织工程系、管理系、机械工程系、信息工程系、化学工程系、经贸系)1院(铁道学院)1部(公共教学部)1中心(网络信息中心),开设有63个工程制造类、现代服务类、管理类和艺术类专业,专业数和专业门类位于全省高职院校前列。

学院坚持"理实交融 德技兼修"的教育理念,创新并实践"校企融合、项目带动、双轮职训"的高职人才培养模式,致力于培养生产、建设、管理、服务一线需要的高端技能型人才。多年来毕业生就业率始终保持在98%以上。

近年来,学院先后获得"职业教育先进单位",全省"高校就业先进单位",教育部"高职高专人才培养工作水平评估优秀单位",全省"党建和思想政治工作先进高校",第七、八、九届省"文明单位",省"大学生思想政治教育工作先进集体",省"普通高校大学生创新创业教育示范校",全国"毕业生就业典型经验高校"等荣誉称号。

雄关漫道真如铁,而今迈步从头越。在未来的发展征程中,博瑞职业技术学院将进一步推进教育教学、管理体制和运行机制改革,凝心聚力,进一步提升学院核心竞争力,努力实现新的跨越发展,力争为建设经济繁荣、生态良好、人民幸福、社会和谐的美好世界做出新贡献。

5.选定文本框,单击右键,在弹出的快捷菜单中选择"设置文本框格式",打开"设置文本框格式"对话框,设置"线条颜色"为"无颜色",如图4-22所示。

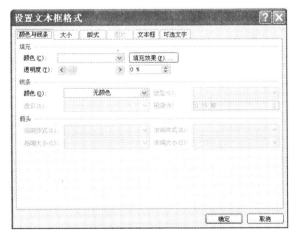

图4-22 "设置文本框格式"对话框

【步骤五】保存文档。

单击快速访问工具栏中的![按钮],把文档保存到当前位置。

✎ 知识链接

1.设置图片的版式

图片的版式是指图片与周围文字的位置和环绕关系。文字环绕方式可分为嵌入型、四周型环绕、紧密型环绕、衬于文字下方、浮于文字上方、上下型环绕以及穿越型环绕等 7 种。默认情况下,以"插入"方式插入到文档中的图片或剪贴画是嵌入型的,成为文档的一部分。要想改变这种方式,只需选择"图片工具栏 设计"选项卡→"排列"分组→"文字环绕"或"位置"命令,然后在列表中选择需要的版式即可。

2.设置文档的高级格式

(1)项目符号和编号

使用项目符号和编号可以准确地表达内容的并列关系、从属关系以及顺序关系等。在文档的编辑过程中,若段落是以"1."、"第一"、"●"等字符开始,在按下"Enter"键开始一个新的段落时,Word 会按上一段落的项目符号格式自动为新的段落添加项目符号或编号。

手动也可添加项目符号和编号。在输入完文本后,选中要添加项目符号或编号的段落,选择"开始"选项卡→"段落"分组→"项目符号"或"编号"命令,即可给已存在的段落按默认的格式添加项目符号和编号。

(2)分页符与分节符

分页符主要用于在文档的任意位置强制分页,使分页符后边的内容转到新的一页上。通常情况下,用户在编辑文档时,系统会自动分页;而通过插入分页符,可以将某个段落后面的内容分配到新的页中。

小技巧	选择"开始"选项卡→"段落"分组→"显示/隐藏编辑标记" ᵇ,可显示或隐藏分页符标记。插入分页符的快捷键是"Ctrl+Enter"。

分节符用于将文档分割成多个节,便于对同一个文档中不同部分的文本进行不同的格式化。节是文档格式化的基本单位,在不同的节中,可以设置与前面文本不同的页眉、页脚、页边距、页面方向或分栏版式等格式。在需要插入分节符的位置,选择"页面布局"选项卡→"页面设置"分组→"分隔符"→"分节符",即可将文档分成多节。

课堂练习

1. 打开"博瑞职业技术学院报考指南.docx"文档,为学院简介页面中的 3 张图片添加阴影效果。

2. 按照图 4-23 所示,制作一个软件使用说明书的封面。

图 4-23　软件使用说明书封面

任务三　制作专业介绍页面

任务描述

在本任务中,通过制作专业介绍页面,主要完成以下内容的学习:
➢ 在文档中添加标题　　　　➢ 在文档中绘制图形
➢ 在文档中插入符号　　　　➢ 在文档中设置分栏

任务分析

学院简介页面包含文字和图片介绍,预期的效果如图 4-24 所示。本任务分为以下几个步骤进行:
➢ 添加标题　　　　➢ 绘制图形
➢ 输入专业简介　　➢ 设置分栏

图 4-24　学院简介页面

任务实施

【步骤一】添加标题。

1. 在文档中插入一个空白页。

2. 输入"专业介绍"，并设置字体为"黑体"，字号为"一号"，段后间距为"0.5 行"。

3. 选择"插入"选项卡→"符号"分组→"符号"→"其他符号"命令，打开"符号"对话框，如图 4-25 所示。设置字体为"Webdings"，选择"▶▶"，然后单击"插入"按钮。

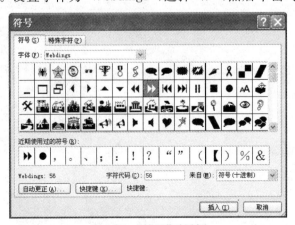

图 4-25　"符号"对话框

【步骤二】绘制图形。

1. 按 Enter 键开始一个新的段落。

2. 选择"插入"选项卡→"插图"分组→"形状",在列表中选择"基本形状"→"圆角矩形"。

3. 在文档中单击或按住鼠标左键并拖动鼠标绘制图形。

4. 右键单击绘制的形状,在弹出的快捷菜单中选择"添加义字",然后输入"模具设计与制造"。

5. 选中图形,选择"文本框工具 格式"选项卡 →"大小"分组,设置"高度"为"0.8","宽度"为"3.4"。

6. 选择"文本框工具 格式"→"文本框样式"分组→"形状填充"命令,在列表中选择"标准色"中的"红色"。

7. 选中图形,选择"文本框工具 格式"→"阴影效果"分组→"阴影效果",在列表中选择"阴影样式 2"。

【步骤三】输入专业简介。

按 Enter 键开始一个新的段落,输入"模具设计与制造"专业简介:

培养目标:培养具有扎实的模具制造专业理论基础知识,较强的模具制造、调试、维护等方面能力的高等技术性人才。

就业去向:适应制造业精确加工的迫切需要,面向电子、电器、汽车等企业。同类高层次人才少,市场急缺,供不应求。

【步骤四】重复步骤二和三,添加其他专业及其简介,内容如下:

通信技术

培养目标:培养具有一定的计算机技术、通信技术方面的知识与技能,能够实际操作、维护、管理计算机和通信设备及系统正常运行的高等技术应用型人才。

就业去向:主要从事通信设备、通信系统操作、维护和管理工作,主要服务丁电信业、广电业和其他以通信技术做支持的信息业。

数控技术应用

培养目标:以培养适应制造业对数控高等应用型人才的需求为目标,培养机械制造及其自动化领域从事数控设备的加工、数控编程、数控设备安装、调试、维修和数控加工技术管理及数控设备销售的高等实用型、技术型人才。

就业去向:主要领域为大型设备制造企业、汽车企业等。

楼宇智能化技术

培养目标:培养掌握楼宇机电设备、楼宇自动化、智能楼宇综合布线等技术领域的基本理论和技能的复合型技术人才。

就业去向:专业人员数量严重不足,市场需要量大。毕业后可到智能楼宇科技公司、房地产企业、高档住宅区、现代化大型公司、机电设备公司,从事现代建筑智能电子、中央空调、楼宇综合布线,大厦电梯的设计、安装、调试、销售、维修和管理等高级技术服务工作。

化工工艺

培养目标：培养掌握化学工程技术理论知识、实践技能，能从事化学工程与工艺技术开发、生产的高等技术应用型人才。

就业去向：主要就业领域为各类化工企业级相关行业，如新材料、信息材料、炼油、冶金、轻工、医药、环保、军工行业等。

环境污染治理

培养目标：培养具有污染监测分析、环境质量评价及环境规划与管理能力，掌握水污染控制工程、大气污染控制工程、噪声污染控制工程、固体废物处理与处置的基本原理和设计方法的高级应用型技术人才。

就业去向：适应国家可持续发展要求，人才需求量大。毕业后从事城镇污染防治工作、环境监测工作及给排水工程、水污染控制规划和水资源保护工作。

塑料工程

培养目标：培养具备高分子材料生产工艺、配方改性、模具，以及设备的安装、调试、维护和车间管理等方面高等技术应用型人才。

就业去向：适应新材料行业蓬勃发展形势，该专业省内唯一。毕业生发展潜力大，供不应求。

物流管理

培养目标：培养掌握现代物流管理理论、信息系统的手段与方法，具备物流管理、规划、设计等较强运作能力的高级现代物流应用型人才。

就业去向：近年来，该专业人才成为企业争夺的焦点，供需矛盾突出，被列为十二类紧缺人才之一。毕业生可到物流部门、专业物流企业、电子商务企业和物流基地，从事物流方案设计、经济分析、管理决策和实际操作的管理及相关工作。

【步骤五】设置分栏。

1. 选定所有自选图形及其对应的专业简介。

2. 选择"页面布局"选项卡→"页面设置"分组→"分栏"→"两栏"。更多分栏设置，可选择"分栏"→"更多分栏"，在打开的"分栏"对话框中设置，如图 4-26 所示。

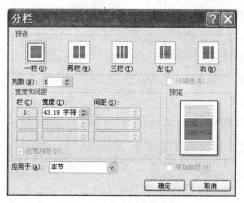

图 4-26 "分栏"对话框

3. 保存文档。

知识链接

1.设置中文版式

在 Word 2007 中设置中文版式包括纵横混排、合并字符、双行合一、调整宽度和字符缩放等,这些功能全都集成在"开始"选项卡的"段落"分组中。

(1)纵横混排

默认情况下,同一行中的文本只能以横向或纵向一个方向进行排列,纵横混排的操作过程为:

① 选择要设置混排的文本。

② 选择"开始"选项卡→"段落"分组→"中文版式"→"纵横混排",打开"纵横混排"对话框,如图 4-27 所示。

③ 取消选择"适应行宽"复选框,单击"确定"按钮,得到如下效果:

图 4-27　"纵横混排"对话框

(2)合并字符

合并字符功能可以把几个字符合并到一个字符的位置上,操作过程为:

① 选择同一行中要合并的所有字符。

② 选择"开始"选项卡→"段落"分组→"中文版式"→"合并字符",打开"合并字符"对话框,如图 4-28 所示。

图 4-28　"合并字符"对话框

③ 单击"确定"按钮,得到如下效果:

吉祥
安康

(3)双行合一

双行合一与合并字符有相似之处,不同的是双行合一合并的字符不允许用户设置字体和字号,由系统自动分配。操作过程为:

① 选择同一行中要合并的所有字符。

② 选择"开始"选项卡→"段落"分组→"中文版式"→"双行合一",打开"双行合一"对话框,如图 4-29 所示。

图 4-29 "双行合一"对话框

③ 选择"带括号"复选框,单击"确定"按钮,得到如下效果:

〔吉祥
安康〕

(4)调整宽度

调整宽度是指改变字符间距,操作过程如下:

① 选择要调整宽度的文本。

② 选择"开始"选项卡→"段落"分组→"中文版式"→"调整宽度",打开"调整宽度"对话框,如图 4-30 所示。

图 4-30 "调整宽度"对话框

③ 设置"新文字宽度"为"9 字符",单击"确定"按钮,得到如下效果:

吉 祥 安 康

(5)字符缩放

调整宽度只是对字与字间距进行调整,并不调整字符本身,而字符缩放则是直接对字符进行操作。操作过程如下:

① 选择要缩放的字符。

② 选择"开始"选项卡→"段落"分组→"中文版式"→"字符缩放",在列表中选择缩放百分比选项(如 200%),得到如下效果:

吉祥安康

2. 制作组织结构图

Word 2007增加了智能图表(SmartArt)工具,使用该工具可以做出精美的文档图表。智能图表主要用于在文档中显示流程、层次结构、循环或者关系。下面使用SmartArt制作一张组织结构图,如图4-31所示。

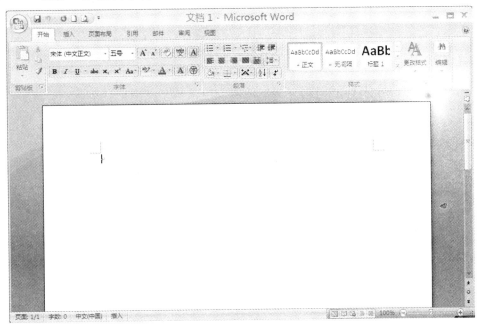

图4-31　组织结构图

操作步骤如下:

(1)新建空白文档,选择"插入"选项卡→"插图"分组→"SmartArt",打开"选择SmartArt图形"对话框,如图4-32所示。

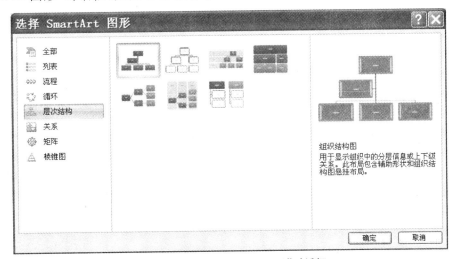

图4-32　"选择SmartArt图形"对话框

（2）选择"层次结构"→"组织结构图"，单击"确定"按钮，在文档中插入一个组织结构图，如图4-33所示。

（3）右键单击第三行最左边的图形，在快捷菜单中选择"添加形状"→"在下方添加形状"。

（4）重复步骤（3）一次，最后为组织结构图添加文本。

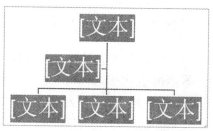

图4-33　默认组织结构图

课堂练习——制作一个如下所示的流程图简历。

男·23

矿物加工专业·应届本科生·博瑞职业技术学院

189-5224-**** 　lvsen****@163.com

个人情况

求职意向
—与矿物加工专业相关的职业（愿意学习和挑战其他专业职位）；
—工资不限

主修课程
—选矿学、洁净煤技术、矿产资源加工及利用、选矿机械、选煤工艺设计与原理；
—物理化学、煤化学、无机化学。

个人技能
—英语水平：通过英语四、六级，具有良好的英语听、说、读、写能力；
—计算机水平：精通Wps，Word，Excel，Powerpoint，Autocad等办公软件。

获奖情况
—2010-2011年度："国家励志奖学金"；
—2011-2012年度："化工学院校级优秀个人"，"化工学院自我管理委员会优秀干事"；
—2012-2013年度："化工学院院级优秀学生"，"化工学院自我管理委员会优秀干部"。

学生工作
—2010-2011年度：担任化工学院自我管理委员会干事（主要负责学生早点名、课出勤、晚自习以及宿舍卫生各项工作的检查和汇报）；
—2011-2012年度：担任化工学院自我管理委员会副部长（主要负责对学生各项检查工作的汇总与公示）；
—2012-2013年度：担任化工学院自我管理委员会部长（主要负责社团各项活动的策划以及实施）。
从一个什么都不会的愣头青努力到优秀干事，再到优秀干部，是一个不断自我完善的过程，完成了自己开始加入社团的承诺。

2011 大屯煤电公司选煤厂

2012 河南煤化城郊选煤厂

2013 南京银茂铅锌矿业

实习经历

自我评价
—虽然我年轻，但细心、认真负责，做到最好是我的工作态度；
—不怕吃苦，努力上进，热爱学习，喜欢篮球，阅读，写作。

任务四　制作招生计划页面

任务描述

在本任务中,通过制作报考指南的招生计划页面,主要完成以下内容的学习:

➢ 在文档中使用内置样式　　　　　➢ 为文档添加页眉和页脚
➢ 在文档中插入表格　　　　　　　➢ 保存文档

任务分析

本任务预期的效果如图4-34所示。本任务分为以下几个步骤进行:

➢ 使用内置样式　　　　　　　　　➢ 在文档中插入表格
➢ 插入页眉和页脚　　　　　　　　➢ 保存文档

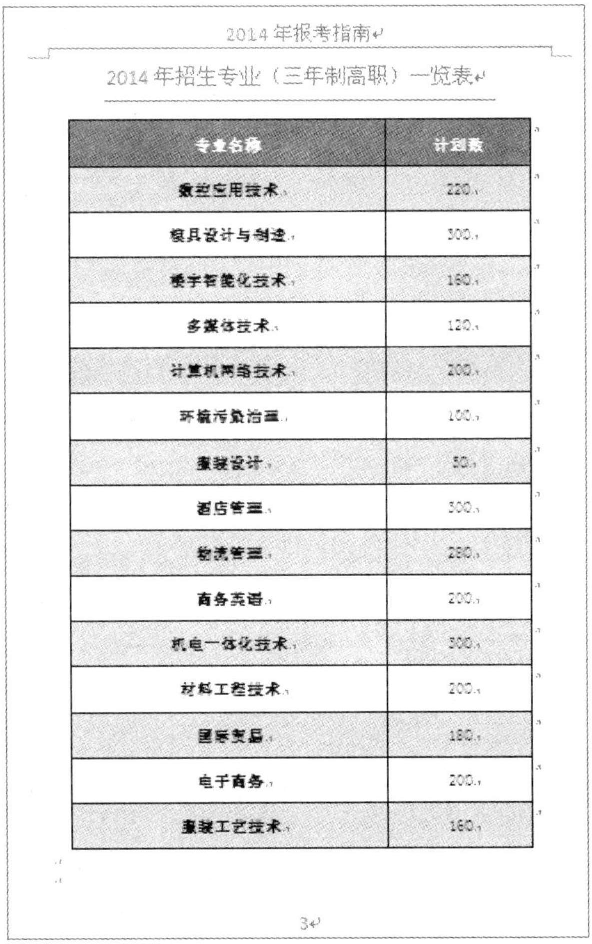

2014 年报考指南

2014 年招生专业（三年制高职）一览表

专业名称	计划数
数控应用技术	220
模具设计与制造	300
楼宇智能化技术	160
多媒体技术	120
计算机网络技术	200
环境污染治理	100
建筑设计	50
酒店管理	300
物流管理	280
商务英语	200
机电一体化技术	300
材料工程技术	200
国际贸易	180
电子商务	200
建筑工艺技术	160

3

图 4-34　招生计划页面

117

任务实施

【步骤一】使用内置样式。

1.打开"博瑞职业技术学院报考指南.docx",在文档的末尾插入空白页。

2.输入"2014年招生专业(三年制高职)一览表",设置字号为"小二",对齐方式为"居中"。

3.选中刚才输入的段落,选择"开始"选项卡→"样式"分组→"快速样式库",单击其右侧的其他按钮 ,在列表中选择"明显引用"。

样式就是一系列格式的集合。样式可分为字符样式和段落样式。字符样式只包含字符格式。段落样式既包含字符格式,也包含段落格式。

【步骤二】在文档中插入表格。

1.按 Enter 键开始一个新的段落,选择"插入"选项卡→"表格"分组→"表格"→"插入表格",打开"插入表格"对话框,如图4-35所示。

2.设置列数为"2",行数为"16",单击"确定"按钮,在文档中插入一个表格,并在表格中输入如图4-34所示的内容。

3.按住"Alt"键的同时双击表格内的任意位置,选中整个表格,选择"开始"选项卡→"段落"分组→"居中",将整个表格居中显示。在"开始"选项卡的"字体"分组中,设置字号为"小四"。

图 4-35 "插入表格"对话框

4.选中整个表格,单击右键,在快捷菜单中选择"表格属性",打开"表格属性"对话框,在"表格"选项卡中,设置宽度为"90%",如图4-36所示。

图 4-36 "表格属性"对话框

5. 在"行"选项卡中,设置行高为"1.3厘米"。

6. 选中整个表格,单击右键,在弹出的快捷菜单中选择"单元格对齐放置"→"水平居中"。

7. 单击"表格工具 设计"选项卡中"表样式"分组右侧的其他按钮,在列表中选择"中等深浅底纹1－强调文字颜色1"。

【步骤三】插入页眉和页脚。

1. 选择"插入"选项卡→"页眉"→"空白",进入页眉和页脚编辑状态,在"键入文字"框中输入"2014年报考指南",并设置字号为"三号"。

2. 选择"页眉和页脚工具 设计"选项卡→"选项"分组→"首页不同",选中这个复选框。

3. 选择"页眉和页脚工具 设计"选项卡→"导航"分组→"转至页脚",切换到页脚区域。

4. 选择"页眉和页脚工具 设计"选项卡→"页眉和页脚"分组→"页码"→"页面底端"→"普通数字2"。

5. 选择"页眉和页脚工具 设计"选项卡→"页眉和页脚"分组→"页码"→"设置页码格式",打开"页码格式"对话框。设置页码编号的起始页码为"0",如图4-37所示。

图4-37 "页码格式"对话框

【步骤四】保存文档。

至此,博瑞职业技术学院报考指南制作完毕。

知识链接

1.设置纸张大小

默认情况下,Word中的纸型是标准的A4纸,其宽度是21厘米,高度是29.7厘米。通过页面设置对话框可以设置纸张的大小。选择"页面布局选项卡"→"页面设置"分组→"纸张大小",在列表中选择合适的项。如图 4-38 所示。

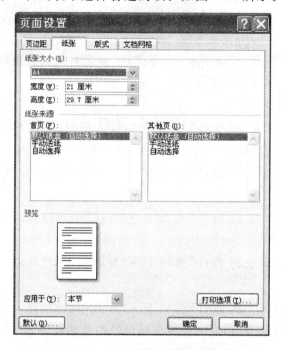

图 4-38 "页面设置"对话框

2.设置页边距

页边距是指文本边界和纸张边界的距离。默认情况下,Word 创建的文档顶端和底端各留有 2.54 厘米的页边距,左右两侧各留有 3.17 厘米的页边距,纸张方向为纵向。页边距的大小,可以在"页面设置"对话框中修改。如果需要装订,还可以在页边距外增加额外的空间,以留出装订位置。

3.拆分单元格

拆分单元格是指将表格中的一个单元格拆分成 2 个或多个单元格,操作过程为:

(1)将光标定位到表格中需要拆分的单元格的位置。

(2)选择"表格工具 布局"选项卡→"合并"分组→"拆分单元格",打开"拆分单元格"对话框,如图 4-39 所示。

图 4-39 "拆分单元格"对话框

(3)在对话框中设置列数和行数,单击"确定"按钮,完成操作。

4.合并单元格

合并单元格是指将表格中的两个或多个单元格合并成一个单元格,操作过程为:

（1）选中需要合并的单元格。

（2）选择"表格工具 布局"选项卡→"合并"分组→"合并单元格"，将所选的单元格合并为一个单元格。

课堂练习——制作一份如表 4-1 所示的申请签证个人资料表。

表 4-1　申请签证个人资料表

姓名		性别	
出生地		出生日期	
学历		民族	
婚姻状况		职务	
年收入		在职时间	
家庭住址	（中文）		
	（英文）		
邮政编码		家庭电话	
护照号码		护照种类	
身份证号		身份证签发机关	
身份证签发日期		身份证有效日期	
手机		E-mail	
父亲姓名		母亲姓名	
出生日期		出生日期	
是否有同行人员，如果有请注明并说明关系：			
是否出过国或申请过出国签证？是否有拒签记录，如果有请说明情况：			

思考与练习

一、填空题

1.启动 Word 2007,新建空白文档的默认文档名称为＿＿＿＿＿＿。

2.在 Word 文档编辑中,复制文本使用的快捷键是＿＿＿＿＿＿。

3.将现有文档另存为其他文档,选择"Office 按钮"中的＿＿＿＿＿＿选项。

4.设置自动保存,选择"Office 按钮"→＿＿＿＿＿＿→＿＿＿＿＿＿选项→"保存文档"栏中→"保存自动恢复信息时间间隔"。

5.启动 Word 2007,选择＿＿＿＿＿＿→"打开"命令,打开已存在的文档。

6.加密保护文档时,选择"Office 按钮"→＿＿＿＿＿＿→单击＿＿＿＿＿＿→＿＿＿＿＿＿→在文本框中输入打开文档密码→在文本框中输入修改文档的密码。

7.在 Word 中,要将新建的文档存盘,应当选用"快速访问工具栏"中的＿＿＿＿＿＿命令。

8.当光标置于要删除的文字前时,按一下＿＿＿＿＿＿键即可删除该文字。

二、判断题(在每小题题后的括号内,正确的打"√",错误的打"×")

1.Word 对插入的图片,不能进行放大或缩小的操作。　　　　　　　　(　　)

2.Word 对新创建的文档既能执行"另存为"命令,又能执行"保存"命令。(　　)

3.在字符格式中,衡量字符大小的单位是号和磅。　　　　　　　　　(　　)

4.Word 中段落对齐的方式有 3 种。　　　　　　　　　　　　　　　(　　)

5.页码只能插入在文档的底端。　　　　　　　　　　　　　　　　　(　　)

6.页码的起始值只能是 1。　　　　　　　　　　　　　　　　　　　(　　)

7.图形即可浮于文字上方,也可衬于文字下方。　　　　　　　　　　(　　)

8.设置字号时,中文字号越大,表示的字越大。　　　　　　　　　　(　　)

9.一个字符可同时设置加粗和倾斜。　　　　　　　　　　　　　　　(　　)

10.设置分栏时,可以设置不同的栏宽。　　　　　　　　　　　　　(　　)

11.文本框中的字体只能横排,不能竖排。　　　　　　　　　　　　(　　)

12.项目编号的起始值可以任意。　　　　　　　　　　　　　　　　(　　)

三、单项选择题(在备选答案中选择一个正确答案)

1.在 Word 中,在页面设置选项中,系统默认的纸张大小是(　　)。
　A. A4　　　　　B. B5　　　　　C. A3　　　　　D. 16 开

2.在 Word 文档编辑中,如果想在某一个页面没有写满的情况下强行分页,可以插入(　　)。
　A. 边框　　　　B. 项目符号　　C. 分页符　　　　D. 换行符

3.在 Word 主窗口的右上角,可以同时显示的按钮是(　　)。
　A. 最小化、还原和最大化　　　　B. 还原、最大化和关闭
　C. 最小化、还原和关闭　　　　　D. 还原和最大化

4.在 Word 编辑状态下,若要调整光标所在段落的行距,首先进行的操作是(　　)。

A. 打开"开始"选项卡   B. 打开"插入"选项卡

C. 打开"页面布局"选项卡   D. 打开"视图"选项卡

5. 在 Word 中第一次存盘会弹出(   )对话框。

A. 保存   B. 打开   C. 退出   D. 另存为

6. 在段落格式中,可以更改段落的对齐方式,其中效果上差别不大的是(   )。

A. 左对齐和右对齐   B. 左对齐和分散对齐

C. 左对齐和两端对齐   D. 两端对齐

7. 在 Word 中若要选中一个段落,最快的方法是(   )。

A. 将光标停在段落的范围之内

B. 将光标移至某一行的左边双击

C. 拖黑

D. 借助 Shift 键分别点击段落的开头和结尾

8. 在 Word 中,(   )可以将一行字变成两行,不过最多只能选择 6 个字符。

A. 拼音指南   B. 双行合一   C. 纵横混排   D. 合并字符

9. 复制字符格式而不复制字符内容,需用(   )按钮。

A. 格式选定   B. 格式刷   C. 格式工具框   D. 复制

10. 在 Word 的表格中,下面的(   )不能从一个单元格移动到另一单元格。

A. 方向键   B. Tab 键   C. 回车键   D. 单击下一个单元格

四、项目实训题

1. 请利用互联网收集相关资料,制作一部手机的使用说明书。

2. 制作一个图文并茂的菜单。

3. 制作一张优秀毕业生的申请表,用于毕业班的同学申请优秀毕业生。

项目五

使用 Excel 2007 制作表格

 ## 学习情境

　　某全国连锁集团是一家覆盖全国的零售型企业,销售范围涵盖日用品、家用电器和汽车等。在日常管理上,集团要求对销售信息进行详细的记录,通过对数据的分析处理,及时反映市场变化,积极应对竞争激烈的市场。

　　本案例讲述的是一个企业如何对销售的数据信息进行统计、分析和管理。销售数据信息的统计通常指:记录在一个销售周期中,不同销售区域内各类货物的品牌、销售数量及销售金额等数据信息。企业通过观察统计数据信息,监控市场的动态,进而可以分析、预测市场发展趋势。

　　电子表格用途广泛,可用于个人信息、财务报表、数据跟踪、监督计划的执行等信息管理工作。Excel 是 Microsoft Office 中的电子表格处理软件,是方便处理电子数据的办公软件。用户可以使用 Excel 创建工作簿(工作表的集合)并设置工作簿格式,以便分析数据和做出更明智的业务决策。特别是可以使用 Excel 跟踪数据,生成数据分析模型,编写公式对数据进行计算,以多种方式透视数据,并以各种具有专业外观的图表来显示数据。

　　本项目将使用 Excel 2007,完成对不同周期、不同区域和各种商品的统计数据的分析和管理工作,制作完成的结果可以直观地表现市场的变化,也可以通过对比数据进一步监控和指导企业的管理。制作完成的效果如图 5-1 所示。本项目主要包括以下任务:

　　　　↳编辑和美化集团销售业绩表
　　　　↳统计和计算集团销售业绩表
　　　　↳管理销售业绩表和制作图表

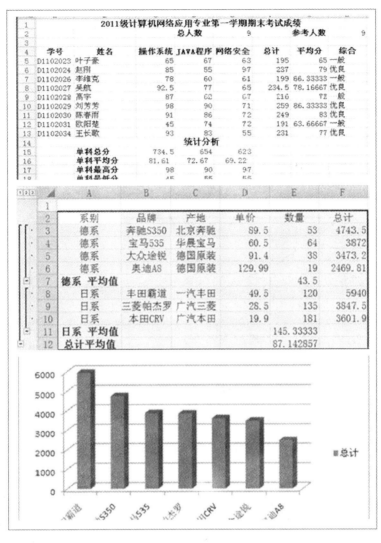

图 5-1　制作完成后效果图

任务一　编辑和美化集团销售业绩表

任务描述

在本任务中,通过编辑和美化该集团第一、二季度销售业绩表,主要完成以下内容的学习:

- ➢ 认识 Excel 2007 的操作界面
- ➢ 在电子表格中输入各类数据
- ➢ 创建并保存电子表格
- ➢ 在电子表格中设置单元格格式

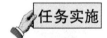

各类数据是电子表格处理的基础,因此在记录各类数据时应该保证格式和表达的准确,同时通过设置工作表格式来美化表格,预期的效果如图5-2所示。本次任务分为以下几个步骤进行:

- ➤ 输入数据并保存工作簿
- ➤ 拆分、冻结窗口
- ➤ 编辑工作表
- ➤ 设置工作表格式

月份 地点	1	2	3	平均
2012年某全国连锁集团第一季度销售业绩表				
单位:万元(￥)				
北京	1225	1056	996	
上海	1025	958	750	
深圳	1056	1025	1156	
重庆	750	856	1055	
合肥	750	526	852	
合计				

图 5-2 完成效果图

任务实施

【步骤一】输入数据并保存工作簿。

1.选择"开始"→"所有程序"→"Microsoft Office"→"Microsoft Office Excel 2007"菜单命令,启动中文 Excel 2007,打开 Excel 2007 电子表格编辑窗口,此时系统默认创建一个名为"Book1"的工作簿文件,如图5-3所示。

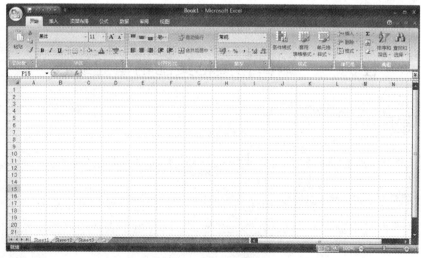

图 5-3 Excel 2007 编辑窗口

Excel 2007 编辑窗口的组成与 Word 2007 类似,但因编辑的对象和方法不同,它们也存在不同的组成部分。下面介绍 Excel 2007 不同于其他 Office 组件的窗口组成:

（1）Microsoft Office 按钮:位于整个界面的左上角,为圆形内嵌 Office 标志。用于快捷设置当前文件的保存、打印和发送等功能,特别是"准备"和"发布"功能是首次出现在 Office 系列软件的界面中,如图 5-4 所示。

（2）快速访问栏:位于标题栏左侧,与 Microsoft Office 按钮相连,默认由"保存"、"撤销"和"恢复"3 个按钮组成。通过其最右侧的下拉按钮,可以调整栏内按钮的个数和功能。

（3）选项卡:位于功能区的顶部、快速访问栏的下方。标准的选项卡有"开始"、"插入"、"页面布局"、"公式"、

图 5-4　Microsoft Office 按钮包含的内容

"数据"、"审阅"、"视图"、"加载项",缺省的选项卡有"开始"选项卡,如图 5-5 所示。

图 5-5　"开始"选项卡

（4）组:位于每个选项卡内部,每组都有相应的组名,由相关命令构成。如图 5-6 所示,例如,"插入"选项卡是由"表"、"插图"、"图表"、"链接"、"文本"、"特殊符号"等组共同构成。

图 5-6　"插入"选项卡

（5）命令:是构成组的元素,其表现形式有下拉菜单、含有文字的按钮和图标,被安排在组内的相关命令组合在一起来完成各种任务。

（6）名称框:也可称作"活动单元格地址框",用来显示当前活动单元格的位置。还可以利用名称框对单元格或区域进行命名,使查找更加方便,操作更加简单。

（7）编辑框:用来显示和编辑活动单元格中的数据和公式。选取某单元格后,就可以在编辑栏中对该单元格输入或编辑数据。

（8）工作表标签：用于标识当前的工作表位置和工作表名称。Excel 默认显示 3 个工作表标签，当工作表数量很多时，可以使用其左侧的浏览按钮来查看。

（9）工作表区域：该区域由 65535 行和 255 列的单元格构成，是用以记录数据的区域，所有数据都存放在这个区域中。

2.单击 Sheet1 工作表标签，使其成为活动工作表。单击 A1 单元格，在其中输入 "2012 年某全国连锁集团第一季度销售业绩表"，单击 D2 单元格，在其中输入"单位：万元（￥）"。

3.单击 B3 单元格，在其中输入 1，移动鼠标指针至 B3 单元格右下角，当鼠标指针变为 "＋" 时，按下 Ctrl 键同时拖动鼠标至 D3 单元格（此时黑十字右下方的提示为"3"）。

4.依次单击相应单元格或使用小键盘内的方向键，在 A3:E9 区域中输入如图 5-2 所示的数据。

5.在 B4:D8 单元格区域中有相同数据，如 B7、B8、D5 单元格值均为"750"，可先按住 Ctrl 键，然后依次选取这 3 个单元格，在编辑栏中输入"750"，按下"Ctrl＋Enter"组合键即可。

 小技巧　　　在连续单元格中输入相同或有规律变化的内容时，可以用 "填充柄" 工具。

6.选择"Microsoft Office 按钮"→"另存为"→"Excel 工作簿"菜单命令，打开"另存为"对话框，如图 5-7 所示。单击"保存位置"右端的下拉按钮，选择 D 盘内"销售业绩"文件夹，在对话框的"文件名"文本框中输入"百货销售业绩表"，单击"保存"按钮。单击"标题栏"最右侧的"关闭"按钮，退出 Excel 2007。

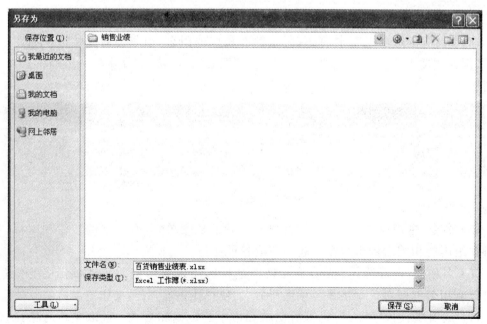

图 5-7　"另存为"对话框

✒ 知识链接

在 Excel 2007 中数据形式可以是文本、数字、日期和公式等。数据一旦被输入，Excel 就会按照默认的标准来区分输入的是数字还是文本，这给使用者带来了极大的方便。

1.数据的输入

（1）对数字字符强制使用文本格式

在 Excel 2007 中，对输入的数字字符默认总是数值型数据，例如，身份证号码或手机号码，经常被使用科学记数法来显示，因此可在输入时先输入一个英文单引号"'"，Excel 2007 即认为这个单元格使用文本格式。

（2）输入日期

在单元格内输入"mm/dd"，Excel 默认将自动转换为"mm 月 dd 日"。如"3/2"就会被转换为"2009－3－2"。

（3）输入分数

在 Excel 中，"mm/dd"首先会被默认当作日期来处理，这时可以通过输入数字 0 后加一个空格的形式输入分数。例如，输入"0 23/25"，即可输入一个分数，它的显示形式是 23/25，值是 0.92。

2.数据的填充

（1）利用填充柄

在连续单元格中输入相同的数据，可先在首个单元格中输入数据，然后用鼠标拖动"填充柄"。如果输入的数据是文本，其内容将被复制到其他连续单元格中；如果输入的内容为数字，拖动时会以递增数列的方式填充；如果想输入相同的数字，在拖动鼠标时按住 Ctrl 键即可。

（2）利用快捷键

在不连续的多个单元格需要输入相同文本，可在按住 Ctrl 键的同时，依次选取那些需要输入相同文本的所有单元格，然后在编辑栏输入文本内容，按下"Ctrl＋Enter"组合键，所有选取的单元格中都会自动输入相同的文本。

（3）利用系统提示

若需要输入的文本在之前的编辑中已输入过，当输入该文本前面几个字符时，系统会自动提示曾输入过的内容，只需按下 Enter 键就可以把后续文本补充完整。

【步骤二】编辑工作表。

1.选取工作表"Sheet1"中第 1、2 行，单击"开始"选项卡中"剪切板"组上的"复制"按钮。单击"Sheet2"工作表标签，使其成为活动工作表，右键单击工作表的 A1 单元格，在弹出的快捷菜单中选择"粘贴"命令。单击 A1 单元格，在编辑栏中将"2012 年某全国连锁集团第一季度销售业绩表"改为"2012 年某全国连锁集团第二季度销售业绩表"。

2.选取工作表"Sheet1"中的 A3：E9 单元格区域，右键单击已选取区域，在弹出的快捷菜单中选择"复制"命令,单击"Sheet2"工作表标签,右键单击 A3 单元格,在弹出的快捷菜单中选择"选择性粘贴"命令。

3. 在"选择性粘贴"对话框中单击选取"转置"复选框,使其处于选取状态,单击"确定"按钮,如图 5-8 所示。

4. 右键单击"Sheet1"工作表标签,在弹出的快捷菜单中选择"重命名"菜单命令,"Sheet1"将反色显示,输入新的工作表名"第一季度销售业绩表",按 Enter 键。使用同样的方法将"Sheet2"重新命名为"第二季度销售业绩表"。

图 5-8　"选择性粘贴"对话框

5. 选定"第二季度销售业绩表",单击选定 C 列(字段为"上海")。右键单击,然后在弹出的快捷菜单中选择"删除"命令。右键单击 F 列(字段为"合计"),在弹出的快捷菜单中选择"插入"命令,在插入列内补充"昆山"列的数据。完成效果如图 5-9 所示。

6. 单击快速访问栏中的"保存"按钮,保存工作表。

	A	B	C	D	E	F	G
1	2012年某全国连锁集团第二季度销售业绩表						
2			单位:万元(￥)				
3	月份地点	北京	深圳	重庆	合肥	昆山	合计
4	1	1225	1056	750	750	785	
5	2	1056	1025	856	526	1215	
6	3	996	1156	1055	852	1061	
7	平均						
8							

图 5-9　"第二季度销售业绩表"基本数据

知识链接——选择性粘贴

选择性粘贴是 Microsoft Office 系列软件中较人性化的功能,可以让使用者在选择粘贴内容时,做出针对性更强的选择。其主要功能有以下两个方面:

(1)选择功能

在 Excel 2007 中,复制时选取的内容除了数据或文本,还包含复制数据或文本的格式、函数或公式、批注等其他内容。在粘贴时,如果只需要粘贴部分内容时,可以在图 5-9 所示的对话框中选择需要粘贴的内容。

(2)运算功能

对粘贴的区域可以进行同样的运算。例如,选取一个内容为数值 5 的单元格执行复制操作,然后选择另几个单元格进行选择性粘贴,在图 5-9 所示的对话框中选取"运算"区域内的"加"按钮,那么被选取的区域的单元格内的数值将都将执行原有数值加 5 的运算。

【步骤三】拆分、冻结窗口。

1.在"第一季度销售业绩表"工作表中单击"北京"所在的 A4 单元格。

2.单击"视图"选项卡中"窗口"组内"拆分"命令按钮,完成后拖动编辑区水平滚动条,观察其变化。再次单击"拆分"命令,解除拆分操作。

3.单击"视图"选项卡中"窗口"组内"冻结窗格"命令按钮,选择"冻结拆分窗格"选项,如图 5-10 所示。完成后拖动水平滚动条和垂直滚动条,观察其变化。再次单击"冻结窗格"命令按钮选择"取消冻结窗格"选项,解除冻结操作。

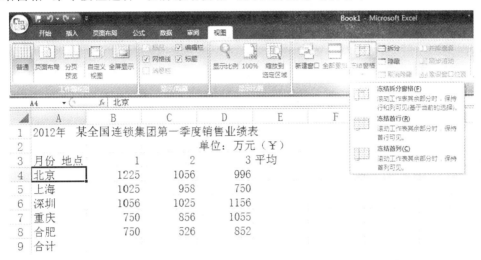

图 5-10　"冻结窗口"操作

知识链接

1.拆分窗口

将 Excel 2007 编辑窗口拆开成为 4 个(或 2 个)部分显示,以方便同时更改前面或后面的内容。因为在制作内容较多的表格时,往往只能看见当前编辑单元格区域的内容,经常出现无法全面查看全部内容情况,窗口的拆分有效地解决了这个问题。

2.冻结窗口

冻结窗口可以把左边(上边或左边上边同时)一列(行)或几列(行)的内容固定,而另外的一些内容可以移动,这样就可以方便地对应参照。

拆分和冻结窗口都是为了方便页面很大的表格显示时而设置的,完成后的效果只影响数据的显示,不影响打印效果。

【步骤四】设置工作表格式。

1.选取A1:E1单元格区域,单击"开始"选项卡中"对齐方式"组内"合并后居中"命令按钮。单击"字体"组内的按钮 ，在弹出的填充颜色中选择"红色"色块，使表格标题能够居中并填充红色底纹。

　　2.右键单击合并后的单元格，在快捷菜单中选择"设置单元格格式"。打开"单元格格式"对话框，选择"对齐"选项卡，如图5-11所示。在"文本对齐方式"选项区域，选择"垂直对齐"下拉列表框中的"居中"选项，使表格标题在垂直方向居中。

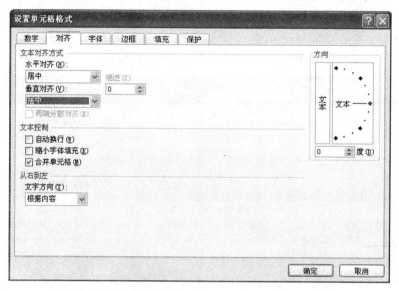

图 5-11　"对齐"选项卡

　　3.选择"单元格格式"对话框中的"字体"选项卡，在"字体"列表框中选择"隶书"，在"字号"列表框中选择"12"，在"颜色"下拉列表框中选择"白色"色块，如图5-12所示。单击"确定"按钮。

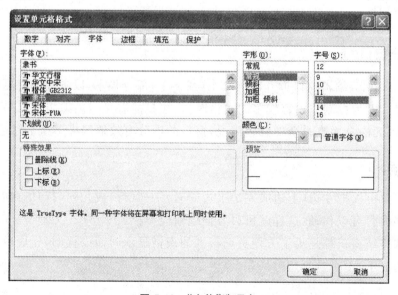

图 5-12　"字体"选项卡

4.右键单击 D2 单元格,在弹出的快捷菜单中选择"剪切"命令,右键单击 E2 单元格,在弹出的快捷菜单中选择"粘贴"命令。再次右键单击该单元格选择"设置单元格格式"菜单项,在打开对话框的"方向"列表框中输入 45(度),如图 5-13 所示。

图 5-13　"对齐"选项卡

5.单击 A3 单元格,单击"开始"选项卡中"对齐方式"组内"左对齐"命令按钮，选定B4:E9区域,单击组内"右对齐"命令按钮。右键单击 A3 单元格,选择"设置单元格格式"菜单项,在打开的"单元格格式"对话框中选择"数字"选项卡,在"分类"列表框中选择"数值"选项,单击"小数位数"数值框设置为 2,如图 5-14 所示。其余B3:E3、A4:A9的数据区域选择"居中"按钮。

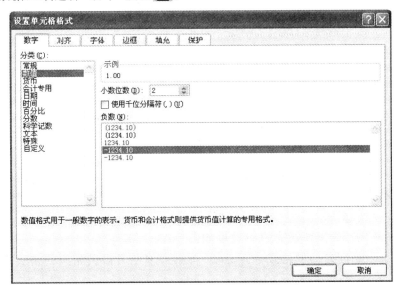

图 5-14　"数字"选项卡

6.选取第 9 行,右键单击合并后的单元格,在快捷菜单中选择"设置单元格格式"菜单项,在"行高"对话框中输入"20",如图 5-15 所示,单击"确定"按钮。选取 E 列,右键单击合并后的单元格,在快捷菜单中选择"设置单元格格式",在"列宽"对话框中输入"15"。连续选取 A、B、C、D 列号,将鼠标移动到选择的任意两列中间,双击鼠标,完成"最合适的列宽"的设置。

图 5-15 "行高"对话框

7.选取A3:E9单元格区域,右键单击合并后的单元格,在快捷菜单中选择"设置单元格格式"菜单项,在打开的"单元格格式"对话框中选择"边框"选项卡,在"线条"选项区域的"样式"列表中选择最粗的实线,单击"颜色"下拉列表框,在其中单击选取"黑色"色块,在"预置"选项区域中单击"外边框"按钮;在"线条"选项区域的"样式"中选择细实线,单击"颜色"下拉列表框,在其中单击选取"橙色"色块,在"预置"选项区域中单击"内部"按钮,通过"预览草图"可观察到设置效果,如图 5-16 所示。最后单击"确定"按钮。

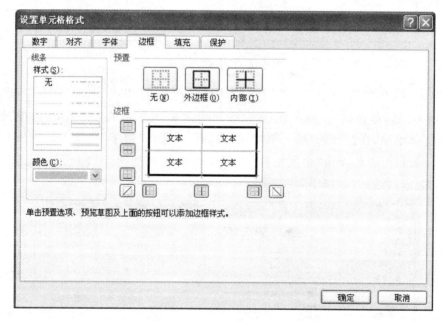

图 5-16 "边框"选项卡

8.单击 A3 单元格,将鼠标插入点移到"月份 地点"4 个字的中间双击,按"Alt+Enter"组合键,实现 A3 单元格中文字的自动换行,通过 Space 和 Backspace 按键调整其位置。再次打开如图 5-16 所示的"边框"选项卡对话框,单击选定"边框"中按钮 来设置斜线,单击"确定"按钮。完成后效果如图 5-2 所示。

9.仿照第一季度表格的格式处理方法,将第二季度表格做相应的格式设置。如图 5-17 所示。

10. 单击“Microsoft Office 按钮”→“保存”，保存工作簿。

	A	B	C	D	E	F	G
1	2012年某全国连锁集团第二季度销售业绩表						
2						单位：万元（￥）	
3	月份 地点	北京	深圳	重庆	合肥	昆山	合计
4	1	￥1,225.00	￥1,056.00	￥750.00	￥750.00	￥785.00	
5	2	￥1,056.00	￥1,025.00	￥856.00	￥526.00	￥1,215.00	
6	3	￥996.00	￥1,156.00	￥1,055.00	￥852.00	￥1,061.00	
7	平均						

图 5-17　“第二季度销售业绩表”的格式设置效果图

课堂练习

1. 按照图 5-18、5-19、5-20 所示 3 个工作的内容和表间关系，制作一个名为“华东区销售统计表.xlsx”的工作簿文件，并保存在 D 盘根目录下“销售业绩”文件夹中。

	A	B	C	D	E
1	华东区销售统计表				
2	品牌	产地	单价	数量	总计
3	宝马535	华晨宝马	60.5		
4	奥迪A8	德国原装	129.99		
5	丰田霸道	一汽丰田	49.5		
6	本田CRV	广汽本田	19.9		
7	奔驰S350	北京奔驰	89.5		
8	大众途锐	德国原装	91.4		
9	三菱帕杰罗	广汽三菱	28.5		

华东区总计 / 华东一区 / 华东二区

图 5-18　“华东区总计”工作表

	A	B	C
1	华东一区销售统计		
2	品牌	产地	数量
3	宝马535	华晨宝马	29
4	奥迪A8	德国原装	11
5	丰田霸道	日本原装	45
6	本田CRV	广汽本田	83
7	奔驰S350	北京奔驰	33
8	大众途锐	德国原装	25
9	三菱帕杰罗	广汽三菱	70

华东区总计 / 华东一区 / 华东二区

图 5-19　“华东一区”工作表

	A	B	C
1	华东二区销售统计		
2	品牌	产地	数量
3	宝马535	华晨宝马	35
4	奥迪A8	德国原装	8
5	丰田霸道	日本原装	75
6	本田CRV	广汽本田	98
7	奔驰S350	北京奔驰	20
8	大众途锐	德国原装	13
9	三菱帕杰罗	广汽三菱	65

华东区总计 / 华东一区 / 华东二区

图 5-20　“华东二区”工作表

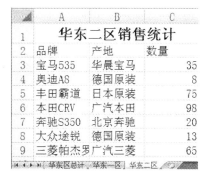

2.按照图 5-21 所示,制作一个"期末考试统计"的工作簿文件,并保存在与上题相同的目录下。

	学号	姓名	操作系统	JAVA程序	网络安全	总计	平均分	综合
1	2011级计算机网络应用专业第一学期期末考试成绩							
2			总人数				参考人数	
3								
4	学号	姓名	操作系统	JAVA程序	网络安全	总计	平均分	综合
5	D1102023	叶子豪	65	67	63			
6	D1102024	赵刚	85	55	97			
7	D1102026	李维克	78	60	61			
8	D1102027	吴航	92.5	77	65			
9	D1102028	高宇	87	62	67			
10	D1102029	刘芳芳	98	90	71			
11	D1102030	陈春雨	91	86	72			
12	D1102031	欧阳楚	45	74	72			
13	D1102034	王长歌	93	83	55			
14			统计分析					
15		单科总分						
16		单科平均分						
17		单科最高分						
18		单科最低分						
19		单科不及格人数						
20		单科不及格率						

图 5-21   "期末考试统计"工作表

任务二   统计和计算集团销售业绩表

任务描述

在本任务中,通过对已知数据进行计算得到所需要的数据信息,主要完成以下内容的学习:

- ➤ 理解地址引用的含义
- ➤ 在工作表中编写公式
- ➤ 在工作表中使用函数
- ➤ 在不同工作表中计算结果

任务分析

数据计算是电子表格重要的功能之一,利用 Excel 2007 内置工具来完成计算平均值、合计和统计符合条件的数据等操作,预期的效果如图 5-22、5-23 所示。本次任务分为以下几个步骤进行:

- ➤ 利用公式计算总计值和平均值
- ➤ 利用函数计算总计值和平均值
- ➤ 跨工作表间的计算
- ➤ 使用其他常用函数的用法

	A	B	C	D	E
1		2012年某全国连锁集团第一季度销售业绩表			
2				单位：万元（¥）	
3	地点＼月份	1	2	3	平均
4	北京	1225	1056	996	=(B4+C4+D4)/3
5	上海	1025	958	750	=(B5+C5+D5)/3
6	深圳	1056	1025	1156	=(B6+C6+D6)/3
7	重庆	750	856	1055	=(B7+C7+D7)/3
8	合肥	750	526	852	=(B8+C8+D8)/3
9	合计	=B4+B5+B6+B7+B8	=C4+C5+C6+C7+C8	=D4+D5+D6+D7+D8	

图 5-22　工作表中的公式

	A	B	C	D	E	F	G	H
1		2011级计算机网络应用专业第一学期期末考试成绩						
2			总人数		9		参考人数	9
3								
4	学号	姓名	操作系统	JAVA程序	网络安全	总计	平均分	综合
5	D1102023	叶子豪	65	67	63	195	65	一般
6	D1102024	赵刚	85	55	97	237	79	优良
7	D1102026	李维克	78	60	61	199	66.33333	一般
8	D1102027	吴航	92.5	77	65	234.5	78.16667	优良
9	D1102028	高宇	87	62	67	216	72	一般
10	D1102029	刘芳芳	98	90	71	259	86.33333	优良
11	D1102030	陈春雨	91	86	72	249	83	优良
12	D1102031	欧阳楚	45	74	72	191	63.66667	一般
13	D1102034	王长歌	93	83	55	231	77	优良
14			统计分析					
15		单科总分	734.5	654	623			
16		单科平均分	81.61	72.67	69.22			
17		单科最高分	98	90	97			
18		单科最低分	45	55	55			
19		单科不及格人数	1		1			
20		单科不及格率	11.1%	22.2%	11.1%			

图 5-23　利用函数分析数据

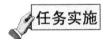

【步骤一】利用公式计算总计值和平均值。

1.打开任务 1 中制作的"百货销售业绩表.xlsx"工作簿,选定"第一季度销售业绩表"工作表,利用公式计算每月所有城市销售额及每个城市平均销售额。

2.单击 B9 单元格,在编辑栏输入公式"＝B4＋B5＋B6＋B7＋B8",按 Enter 键,计算出 1 月份所有城市的销售合计,如图 5-24 所示。

B9　fx =B4+B5+B6+B7+B8

	A	B	C	D	E
1		2012年某全国连锁集团第一季度销售业绩表			
2				单位：万元（¥）	
3	地点＼月份	1	2	3	平均
4	北京	1225.00	1056.00	996.00	
5	上海	1025.00	958.00	750.00	
6	深圳	1056.00	1025.00	1156.00	
7	重庆	750.00	856.00	1055.00	
8	合肥	750.00	526.00	852.00	
9	合计	4806.00			

图 5-24　编辑求和公式

3.再次单击 B9 单元格,将鼠标指针指向单元格的右下角,待鼠标指针变成"＋"字形后,按住鼠标左键向右拖动,将复制公式到C9：D9单元格区域中,相应单元格会进行自动调整。

4.单击 E4 单元格,在编辑栏输入公式"＝(B4＋C4＋D4)/3",按 Enter 键,计算每个城市一季度平均销售额,如图 5-25 所示。

E4		f_x	=(B4+C4+D4)/3	
	A	B	C	D	E
1	2012年某全国连锁集团第一季度销售业绩表				
2				单位：万元（￥）	
3	月份 地点	1	2	3	平均
4	北京	1225.00	1056.00	996.00	
5	上海	1025.00	958.00	750.00	
6	深圳	1056.00	1025.00	1156.00	
7	重庆	750.00	856.00	1055.00	
8	合肥	750.00	526.00	852.00	
9	合计	4806.00			

图 5-25　编辑平均数公式

5.将鼠标指针移至 E4 单元格的右下角,按住鼠标左键向下拖动至 E9,即可计算出其他平均值。

6.按下"Ctrl＋～"("～"符号位于键盘"Esc"键正下方)显示工作表中的公式,如图 5-26 所示。再次按下"Ctrl ＋～"恢复工作表的数值显示状态。

7.单击"Microsoft Office 按钮"→"保存",保存工作簿。

	A	B	C	D	E
1	2012年某全国连锁集团第一季度销售业绩表				
2				单位：万元（￥）	
3	月份 地点	1	2	3	平均
4	北京	1225	1056	996	=(B4+C4+D4)/3
5	上海	1025	958	750	=(B5+C5+D5)/3
6	深圳	1056	1025	1156	=(B6+C6+D6)/3
7	重庆	750	856	1055	=(B7+C7+D7)/3
8	合肥	750	526	852	=(B8+C8+D8)/3
9	合计	=B4+B5+B6+B7+B8	=C4+C5+C6+C7+C8	=D4+D5+D6+D7+D8	

图 5-26　显示工作表中的公式

【步骤二】利用函数计算总计值和平均值。

1.打开任务 1 中制作的"百货销售业绩表.xlsx"工作簿,选定"第二季度销售业绩表"工作表进行操作。

2.单击 G4 单元格,在编辑栏单击 f_x 按钮,打开"插入函数"对话框,在对话框中的"或选择类别"下拉列表框中选择"常用函数"选项,在"选择函数"列表框中单击选取

"SUM"函数,如图5-27所示。

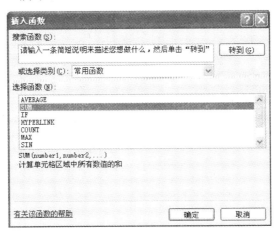

图5-27 "插入函数"对话框

3.单击"确定"按钮,打开"函数参数"对话框,如图5-28所示。单击对话框中的"Number1"编辑框后按钮，在工作表中选取B4:F4单元格区域或直接在"Number1"编辑框中输入B4:F4,单击"确定"按钮。

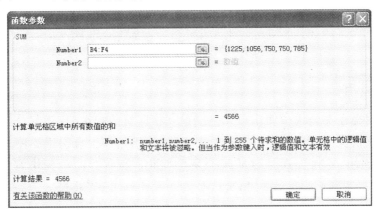

图5-28 "函数参数"对话框

4.拖动G4单元格的填充柄至G6单元格,则G4:G6单元格区域自动填充相应的数据。

5.与以上步骤类似,选取B3单元格,在打开如图5-27所示对话框中,选择"Average"函数。单击"确定"按钮,打开"函数参数"对话框,如图5-28所示。单击对话框中的"Number1"编辑框后按钮，在工作表中选取B4:B6单元格区域,单击"确定"按钮。

6.拖动B7单元格的填充柄至F7单元格,则B7:F7单元格区域自动填充相应的数据。

7.按下"Ctrl＋～"组合键显示工作表中公式,如图5-29所示。再次按下"Ctrl＋～"组合键恢复工作表的数值显示状态。

8. 单击"Microsoft Office 按钮"→"保存",保存工作簿。

单位：万元（￥）						
月份 地点	北京	深圳	重庆	合肥	昆山	合计
1	1225	1056	750	750	785	=SUM(B4:F4)
2	1056	1025	856	526	1215	=SUM(B5:F5)
3	996	1156	1055	852	1061	=SUM(B6:F6)
平均	=AVERAGE(B4:B6)	=AVERAGE(C4:C6)	=AVERAGE(D4:D6)	=AVERAGE(E4:E6)	=AVERAGE(F4:F6)	

图 5-29　显示工作表中函数

知识链接

1.函数与公式

公式是以等号开头，由常量、单元格或单元格区域的引用、函数和运算符等元素组成。而函数是 Excel 预先编好的有专门用途的程序，由函数名、参数构成，函数可以看成 Excel 的内置公式。与直接使用公式进行计算比较，使用函数计算速度快、效率高。

例如，求单元格 A1、B1 内数值之和，有两种方法：一是"=A1+B1"；二是"=SUM(A1,B1)或=SUM(A1:B1)"。前者是公式，后者为函数（SUM 是求和函数）。一般公式中除了可以包含加、减、乘、除等四则运算符号，还可以包含等于、大于、小于等逻辑判断符号。

2.地址引用

地址引用是指在公式中使用单元格或单元格区域的地址时，当将公式向旁边复制时地址的变化情况。地址引用分为相对引用、绝对引用和混合引用 3 种。

① 相对引用，复制公式时地址跟着发生变化。例如，C1 单元格有公式：=A1+B1，当将公式复制到 C2 单元格时，公式变为：=A2+B2；当将公式复制到 D1 单元格时，公式变为：=B1+C1。

② 绝对引用，复制公式时地址不会跟着发生变化。例如，C1 单元格有公式：=$A$1+$B$1，当将公式复制到 C2 单元格时仍为：=$A$1+$B$1；当将公式复制到 D1 单元格时仍为：=$A$1+$B$1。

③ 混合引用，复制公式时地址的部分内容跟着发生变化。例如，C1 单元格有公式：=$A1+B$1，当将公式复制到 C2 单元格时变为：=$A2+B$1；当将公式复制到 D1 单元格时变为：=$A1+C$1。

【步骤三】跨工作表间的计算。

1. 打开任务 1 课堂练习中"华东区销售统计表.xlsx"工作簿文件，如图 5-18、5-19、5-20 所示。单击"华东区总计"工作表标签，使其成为活动工作表。

2. 单击 D3 单元格，在其编辑栏中输入"=华东一区！C3+ 华东二区！C3"，单击编辑栏中的"输入"按钮✅即可计算出"数量"列，如图 5-30 所示。利用填充柄向下拖动至 D9 完成"数量"列数据填充。

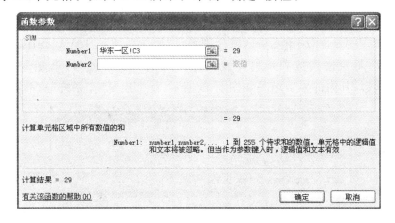

图 5-30　跨表求和

3.选取 E3 列,在编辑栏中输入"＝C3＊D3",按 Enter 键,然后利用填充柄向下拖动鼠标至 E9 完成"总计"列数据填充。

知识链接

利用 Excel 向导模式完成跨工作表间计算。

1.首先选取"华东区总计"工作表中的 D3 单元格,在编辑栏单击 f_x 按钮,打开"插入函数"对话框,在对话框中的"或选择类别"列表框中单击选取"常用函数"选项,在"选择函数"列表框中单击选取"SUM"函数,如图 5-27 所示。

2.单击"确定"按钮,打开"函数参数"对话框,如图 5-31 所示。此时单击对话框中的"Number1"编辑框右侧的按钮,使用鼠标选取"华东一区"工作表中的 C3 单元格,按 Enter 键。再单击"Number2"编辑框右侧的按钮,使用鼠标选取"华东二区"工作表中的 C3 单元格。如图 5-32 所示。单击"确定"按钮。

图 5-31　函数参数设置 1

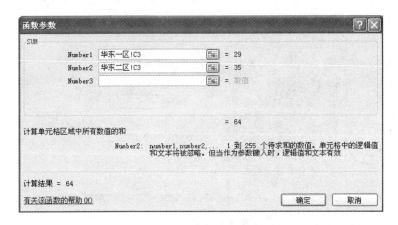

图 5-32　函数参数设置 2

3.拖动 D3 单元格的填充柄至 D9 单元格,则 D4:D9 单元格区域自动填充相应的数据。

4.单击"Microsoft Office 按钮"→"保存",保存工作簿。

【步骤四】其他常用函数的用法。

1.打开任务 1 课堂练习中"期末考试.xlsx"工作簿文件,如图 5-21 所示。参考"步骤二"中的操作步骤,在F5:F13中利用 SUM 函数计算每位同学的总分,在G5:G13中利用 AVERAGE 函数计算平均分。

2.单击 F2 单元格,在编辑栏单击 *fx* 按钮,打开"插入函数"对话框,在对话框中的"或选择类别"列表框中单击选取"常用函数"选项,在"选择函数"列表框中单击选取"COUNTA"函数,单击"确定"按钮。打开"函数参数"对话框。单击对话框中的"Value1"编辑框右侧的按钮,在工作表中选取B5:B13单元格区域,单击"确定"按钮。

3.单击 H2 单元格,在编辑栏输入函数"＝COUNTA(C5:C13)",在 H2 单元格中统计考试人数。

4.在C19:E19、C20:E20单元格区域分别统计"操作系统"、"JAVA 程序"、"网络安全"3 门课程的单科不及格人数和单科不及格率。选取 C19 单元格,重复 2 的操作,选取"COUNTIF"函数,其内部参数填写如图 5-33 所示,计算出"操作系统"的不及格人数。

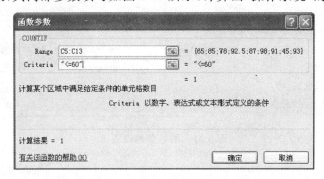

图 5-33　COUNTIF 函数参数设置

4.单击 C19 单元格,按住鼠标左键,利用填充柄,将函数复制到 D19 和 E19 单元格中,统计出"JAVA 程序"和"网络安全"的不及格人数。

5.单击 C20 单元格,在编辑栏输入函数"＝C19/＄G＄2",按 Enter 键。将 C21 单元格中的公式利用填充柄复制到 D20 和 E20 单元格中。

6.依次选取 C20、D20、E20 3 个单元格,右键单击合并后的单元格,在快捷菜单中选择"设置单元格格式",在打开的"单元格格式"对话框中,选择"数字"选项卡,在"分类"列表框中选取"百分比"选项,"小数位数"微调框中选择"1",然后单击"确定"按钮。

7.平均分等级标准为 75 至 100 为"优良",75 分以下为"一般"。单击 H5 单元格,在编辑栏单击 f_x 按钮,打开"插入函数"对话框,在"选择函数"列表框中单击选取"IF"函数,单击"确定"按钮。打开"函数参数"对话框,在 3 个参数的编辑框中,按如图 5-34 所示填写内容,单击"确定"按钮。

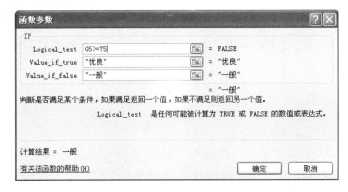

图 5-34　IF 函数参数设置

8.单击 H5 单元格,然后利用填充柄将 IF 函数复制填充到 H6:H13 单元格区域中,计算其他学生的综合等级。效果如图 5-35 所示。

9.单击"Microsoft Office 按钮"→"保存",保存工作簿。

	A	B	C	D	E	F	G	H
1	2011级计算机网络应用专业第一学期期末考试成绩							
2			总人数		9		参考人数	9
3								
4	学号	姓名	操作系统	JAVA程序	网络安全	总计	平均分	综合
5	D1102023	叶子豪	65	67	63	195	65	一般
6	D1102024	赵刚	85	55	97	237	79	优良
7	D1102026	李维克	78	60	61	199	66.33333	一般
8	D1102027	吴航	92.5	77	65	234.5	78.16667	优良
9	D1102028	高宇	87	62	67	216	72	一般
10	D1102029	刘芳芳	98	90	71	259	86.33333	优良
11	D1102030	陈春雨	91	86	72	249	83	优良
12	D1102031	欧阳楚	45	74	72	191	63.66667	一般
13	D1102034	王长歌	93	83	55	231	77	优良
14			统计分析					
15		单科总分						
16		单科平均分						
17		单科最高分						
18		单科最低分						
19		单科不及格人数	1	2	1			
20		单科不及格率	11.1%	22.2%	11.1%			

图 5-35　参考效果图

知识链接

1. COUNT 与 COUNTA 函数

格式：COUNT（Number1，Number2…Number30）/COUNTA（Number1，Number2…Number30）

COUNT 与 COUNTA 都是返回非空单元格的个数。区别在于 COUNT 仅当单元格内容是数值时起作用而 COUNTA 无论单元格是什么内容都起作用。

2. IF 函数

格式：IF(条件表达式，值 1，值 2)

当条件表达式的值为 True 时，返回值 1；当条件表达式值为 False 时，返回值 2。函数 IF 可以嵌套七层，用 Value_if_false 及 Value_if_true 参数可以构造复杂的检测条件。

3. COUNTIF 函数

格式：COUNTIF（Range，Criteria）

Range 为需要计算其中满足条件的单元格数目的单元格区域。

Criteria 为确定哪些单元格将被计算在内的条件，其形式可以为数字、表达式、单元格引用或文本。

4. MAX 与 MIN 函数

格式：MAX(Number1，Number2…Number30)/MIN(Number1，Number2…Number30)

找出参数区域内的最大、最小的数值。参数可以为数字、空白单元格、逻辑值或数字的文本表达式。如果参数为错误值或不能转换成数字的文本，将产生错误。如果参数为数组或引用，则只有数组或引用中的数字将被计算。数组或引用中的空白单元格、逻辑值或文本将被忽略。

课堂练习

1. 打开制作完成的"期末考试.xlsx"的工作簿文件，利用 MAX 和 MIN 函数分别在C17:E17和C18:E17区域计算单门课程的最高分和最低分。利用 SUM 函数和 AVERAGE 函数分别在C15:E15和C16:E16区域计算单科总分和平均分。完成后效果如图 5-36 所示。

	A	B	C	D	E	F	G	H
1			2011级计算机网络应用专业第一学期期末考试成绩					
2				总人数		9	参考人数	9
3								
4	学号	姓名	操作系统	JAVA程序	网络安全	总计	平均分	综合
5	D1102023	叶子豪	65	67	63	195	65	一般
6	D1102024	赵刚	85	55	97	237	79	优良
7	D1102026	李维克	78	60	61	199	66.33333	一般
8	D1102027	吴航	92.5	77	65	234.5	78.16667	优良
9	D1102028	高宇	87	62	67	216	72	一般
10	D1102029	刘芳芳	98	90	71	259	86.33333	优良
11	D1102030	陈春雨	91	86	72	249	83	优良
12	D1102031	欧阳楚	45	74	72	191	63.66667	一般
13	D1102034	王长歌	93	83	55	231	77	优良
14			统计分析					
15		单科总分	734.5	654	623			
16		单科平均分	81.61	72.67	69.22			
17		单科最高分	98	90	97			
18		单科最低分	45	55	55			
19		单科不及格人数	1	2	1			
20		单科不及格率	11.1%	22.2%	11.1%			

图 5-36　参考效果图

2.打开任务1的课堂练习中"华东区销售情况.xlsx"的工作簿文件,在"华东区总计"的工作表中,插入列元素"系别",如图 5-37 所示。完成后将工作簿以"华东区销售情况细则.xlsx"为名另存在原路径下。

	A	B	C	D	E	F
1			华东区销售统计表			
2	系别	品牌	产地	单价	数量	总计
3	德系	宝马535	华晨宝马	60.5	64	3872
4	德系	奥迪A8	德国原装	129.99	19	2469.81
5	日系	丰田霸道	一汽丰田	49.5	120	5940
6	日系	本田CRV	广汽本田	19.9	181	3601.9
7	德系	奔驰S350	北京奔驰	89.5	53	4743.5
8	德系	大众途锐	德国原装	91.4	38	3473.2
9	日系	三菱帕杰罗	广汽三菱	28.5	135	3847.5

图 5-37　"华东区总计"工作表

任务三　管理销售业绩数据和制作图表

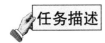 任务描述

在本任务中,通过对已计算和统计工作表数据进行分析,用更直观的方式查看数据,主要完成以下内容的学习:

➤ 使用排序处理数据　　　➤ 使用筛选处理数据
➤ 使用分类汇总统计数据　➤ 生成和编辑图表

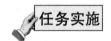

数据的排序、筛选和分类汇总操作都是按照给定条件对数据进行处理,部分操作预期的效果如图6-38、6-39所示。本次任务分为以下几个步骤进行:

➤ 根据"总计"进行数据的排序　　➤ 利用筛选找出符合条件的数据

➤ 利用分类汇总统计数据　　➤ 利用已有工作表创建数据图表

	A	B	C	D	E	F
1			华东区销售统计表			
2	系别 ▼	品牌 ▼	产地 ▼	单价 ▼	数量 ▼	总计 ▼
4	德系	奔驰S350	北京奔驰	89.5	53	4743.5
5	德系	宝马535	华晨宝马	60.5	64	3872
8	德系	大众途锐	德国原装	91.4	38	3473.2
9	德系	奥迪A8	德国原装	129.99	19	2469.81

图 5-38　筛选操作效果图

1 2 3		A	B	C	D	E	F
	1						
	2	系别	品牌	产地	单价	数量	总计
	3	德系	奔驰S350	北京奔驰	89.5	53	4743.5
	4	德系	宝马535	华晨宝马	60.5	64	3872
	5	德系	大众途锐	德国原装	91.4	38	3473.2
	6	德系	奥迪A8	德国原装	129.99	19	2469.81
	7	德系 平均值				43.5	
	8	日系	丰田霸道	一汽丰田	49.5	120	5940
	9	日系	三菱帕杰罗	广汽三菱	28.5	135	3847.5
	10	日系	本田CRV	广汽本田	19.9	181	3601.9
	11	日系 平均值				145.33333	
	12	总计平均值				87.142857	

图 5-39　分类汇总操作效果图

任务实施

【步骤一】根据"总计"进行数据的排序。

1.打开任务2课堂练习中制作的"华东区销售情况细则.xlsx"工作簿文件,如图5-40将表中的数据按照"总计"进行"降序"排序。

	A	B	C	D	E	F
1			华东区销售统计表			
2	系别	品牌	产地	单价	数量	总计
3	日系	丰田霸道	一汽丰田	49.5	120	5940
4	德系	奔驰S350	北京奔驰	89.5	53	4743.5
5	德系	宝马535	华晨宝马	60.5	64	3872
6	日系	三菱帕杰罗	广汽三菱	28.5	135	3847.5
7	日系	本田CRV	广汽本田	19.9	181	3601.9
8	德系	大众途锐	德国原装	91.4	38	3473.2
9	德系	奥迪A8	德国原装	129.99	19	2469.81

图 5-40　排序结果

2.选取A2:F9单元格区域,单击"数据"选项卡中"排序和筛选"组内"排序"命令按钮,打开如图所示的"排序"对话框,如图5-41所示。

3.在对话框中从"主要关键字"下拉列表中选择"总计"项,在"排序依据"下拉列表中选择"数值"项,在"次序"下拉列表中选择"降序"项,单击"确定"按钮,显示如图 5-41所示的按照递增排序的数据表。

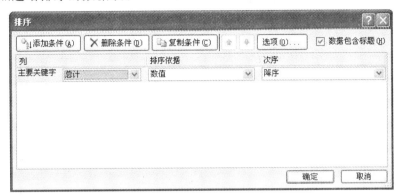

图 5-41　排序对话框

4.单击"Microsoft Office 按钮"→"保存",保存工作簿。

知识链接——数据排序

排序是将已建立的记录按照某一关键字规定的顺序重新排列,产生显示结果。Excel 排序分为单字段排序和多字段排序。如图 5-42 中,通过单击"添加条件"按钮增加一个或多个"次要关键字",排序的次序分为升序和降序,排序依据有"数值"、"单元格颜色"、"字体颜色"和"单元格图标"4 个选项。

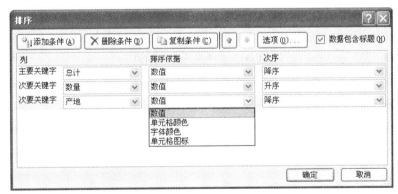

图 5-42　排序对话框

【步骤二】利用筛选找出符合条件的数据。

1.在"步骤一"完成的"华东区销售情况细则.xlsx"工作簿文件,选定A2:F9的单元格区域,在"数据"选项卡中"排序和筛选"组内选择"筛选"命令按钮,进入筛选清单状态,这时会在各个字段上出现一个下拉列表框,如图 5-43 所示。

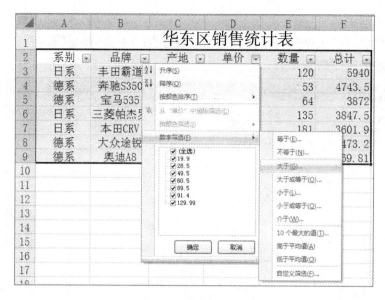

图 5-43　筛选操作步骤图

2. 单击"单价"字段的下拉列表框,在打开的功能菜单里单击"数字筛选"菜单,单击"大于"子菜单,打开"自定义自动筛选方式"对话框,如图 5-44 所示。

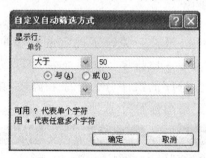

图 5-44　自动排序条件设置

3. 在"自定义自动筛选方式"对话框左上方的下拉列表中选择"大于"选项,在右边的下拉列表框中输入"50",单击"确定"按钮。完成后效果如图 5-45 所示。

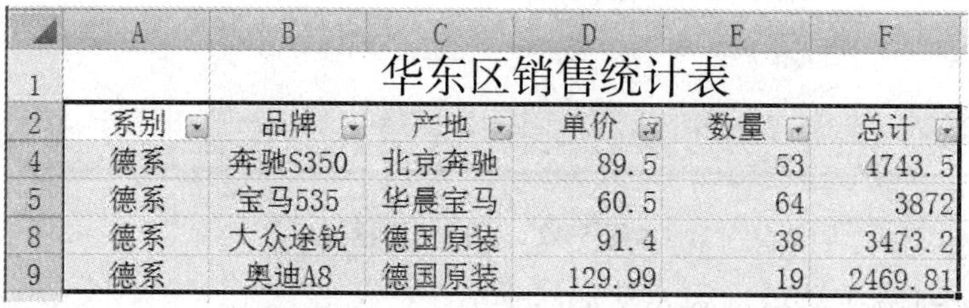

	A	B	C	D	E	F
1	华东区销售统计表					
2	系别	品牌	产地	单价	数量	总计
4	德系	奔驰S350	北京奔驰	89.5	53	4743.5
5	德系	宝马535	华晨宝马	60.5	64	3872
8	德系	大众途锐	德国原装	91.4	38	3473.2
9	德系	奥迪A8	德国原装	129.99	19	2469.81

图 5-45　自动筛选完成效果图

4. 再次单击"数据"选项卡中"排序和筛选"组内"筛选"命令按钮,取消"自动筛选"。

5. 单击 H2 单元格,输入"系别"。选取 H3 单元格,输入"德系"。单击 I2 单元格,输入"单价"。单击 I3 单元格,输入">＝50"。效果如图 5-46 所示。

	A	B	C	D	E	F	G	H	I
1			华东区销售统计表						
2	系别	品牌	产地	单价	数量	总计		系别	单价
3	日系	丰田霸道	一汽丰田	49.5	120	5940		德系	>=50
4	德系	奔驰S350	北京奔驰	89.5	53	4743.5			
5	德系	宝马535	华晨宝马	60.5	64	3872			
6	日系	三菱帕杰罗	广汽三菱	28.5	135	3847.5			
7	日系	本田CRV	广汽本田	19.9	181	3601.9			
8	德系	大众途锐	德国原装	91.4	38	3473.2			
9	德系	奥迪A8	德国原装	129.99	19	2469.81			

图 5-46 筛选条件的添加

6.选取A2:F9单元格区域,单击"数据"选项卡中"排序和筛选"组内"高级筛选"命令按钮,在打开的"高级筛选"对话框中选择"将筛选结果复制到其他位置"单选按钮,如图 5-47 所示。单击"条件区域"右侧按钮，选定工作表中的筛选条件区域H2:I4。按 Enter 键,单击"复制到"右侧按钮，选定工作表中 A12 单元格,单击"确定"按钮,即在工作表数据下方筛选出满足条件的记录。效果如图 5-48 所示。

图 5-47 高级筛选条件的设置

7.单击"Microsoft Office 按钮"→"保存",保存工作簿。

	A	B	C	D	E	F	G	H	I
1			华东区销售统计表						
2	系别	品牌	产地	单价	数量	总计		系别	单价
3	日系	丰田霸道	一汽丰田	49.5	120	5940		德系	>=50
4	德系	奔驰S350	北京奔驰	89.5	53	4743.5			
5	德系	宝马535	华晨宝马	60.5	64	3872			
6	日系	三菱帕杰罗	广汽三菱	28.5	135	3847.5			
7	日系	本田CRV	广汽本田	19.9	181	3601.9			
8	德系	大众途锐	德国原装	91.4	38	3473.2			
9	德系	奥迪A8	德国原装	129.99	19	2469.81			
10									
11									
12	系别	品牌	产地	单价	数量	总计			
13	德系	奔驰S350	北京奔驰	89.5	53	4743.5			
14	德系	宝马535	华晨宝马	60.5	64	3872			
15	德系	大众途锐	德国原装	91.4	38	3473.2			
16	德系	奥迪A8	德国原装	129.99	19	2469.81			

图 5-48 高级筛选效果图

知识链接——自动筛选与高级筛选

筛选是查找和处理区域中数据子集的快捷方法。在筛选区域仅显示满足条件的行,该条件由用户针对某列指定。Excel 提供了两种筛选区域的命令:自动筛选和高级筛选。

自动筛选适用于简单条件,使用"自动筛选"命令时,自动筛选箭头显示于筛选区域中列标签的右侧。与排序不同,自动筛选并不重新排列区域,只是暂时隐藏不符合筛选条件的记录。高级筛选适用于复杂筛选。"高级筛选"命令也可像"自动筛选"命令一样筛选区域,但是筛选条件需要在单独的区域中键入。

【步骤三】利用分类汇总统计数据。

1.在本工作簿中新建一个名为"分类汇总"的工作表。

2.选取"华东区总计"工作表中A2:F9单元格区域,复制并粘贴至"分类汇总"工作表中的A2:F9区域。

3.选取"分类汇总"工作表中的A2:F9单元格区域,重复"步骤一"中排序操作,以"系别"为关键字进行升序排序。

4.单击"数据"选项卡中"分级显示"组内"分类汇总"命令按钮。打开"分类汇总"对话框,如图5-49所示。

图5-49　高级筛选条件的设置

5.在"分类字段"下拉列表框中选择"系别"选项,"汇总方式"选择"平均值",在"选定汇总项"列表框中选取需要汇总的字段"数量",单击"确定"按钮结束,分类汇总结果如图5-50所示。

6.单击"Microsoft Office 按钮"→"保存",保存工作簿。

	A	B	C	D	E	F
2	系别	品牌	产地	单价	数量	总计
3	德系	奔驰S350	北京奔驰	89.5	53	4743.5
4	德系	宝马535	华晨宝马	60.5	64	3872
5	德系	大众途锐	德国原装	91.4	38	3473.2
6	德系	奥迪A8	德国原装	129.99	19	2469.81
7	德系 平均值				43.5	
8	日系	丰田霸道	一汽丰田	49.5	120	5940
9	日系	三菱帕杰罗	广汽三菱	28.5	135	3847.5
10	日系	本田CRV	广汽本田	19.9	181	3601.9
11	日系 平均值				145.33333	
12	总计平均值				87.142857	

图5-50　高级筛选条件的设置

✎ 知识链接——分类汇总

Excel 2007 可以指定工作表中的分类字段数据和汇总字段数据进行求和、平均数的计算。使用自动分类汇总前,先对工作表中的分类字段(包含带有标题的列)进行排序。操作时,首先选取带有标题的列的数据区域作为分类字段,然后将分类字段进行排序,执行汇总计算。

【步骤四】利用已有工作表创建数据图表。

1.打开任务2的课堂练习中制作的"华东区销售统计表.xlsx"工作簿文件,选取"品牌"和"总计"两列制作三维簇状柱形图。在"华东区总计"工作表中,选取B2:B9单元格区域,同时按Ctrl键再选取F2:F9数据区域。

2.单击"插入"选项卡中"图表"组内"柱形图"命令按钮,在展开的选项中选择"三维柱形图"中的"三维簇状柱形图"按钮,如图5-51所示。

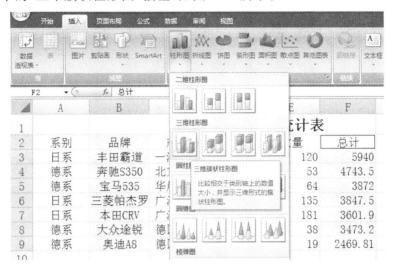

图 5-51　图表类型的选择

3.在图表生成后,单击"设计"选项卡中"图表样式"组内"样式二"命令按钮,如图5-52所示。完成后,效果如图5-53所示。

4.单击"Microsoft Office 按钮"→"保存",保存工作簿。

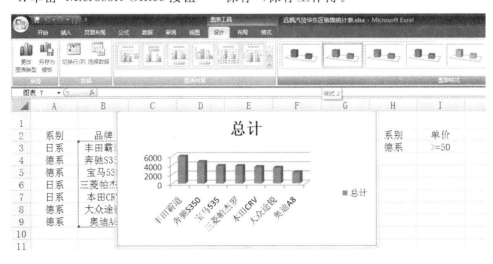

图 5-52　编辑图表

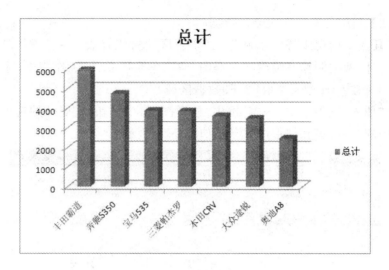

图 5-53　完成效果图

✒ **知识链接** —— 图表的编辑

1.改变图表的大小。选取图表后,通过图表四周的 8 个控制点可以改变图表的大小。

2.改变图表类型。在图表空白处单击右键,在弹出的快捷菜单中选择"图表类型"选项,打开如图 5-54 所示的对话框,可以重新选择图表类型。

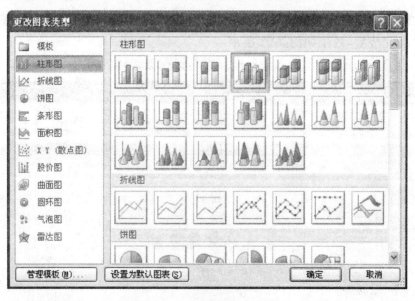

图 5-54　"更改图表类型"对话框

3. 修改图表数据源。右键单击图表中数据部分,在弹出的快捷菜单中选择"选择数据"菜单命令,打开如图 5-55 所示的"选择数据源"对话框,在"图表数据区域"编辑栏中删除现有以反色显示的地址,再单击右侧按钮 ,重新选择构成图表的区域,单击"确定"按钮。

图 5-55　"选择数据源"对话框

课堂练习

1. 打开已保存的"期末考试. xlsx"工作簿,将原有的由"品牌"和"总计"两列制作的三维簇状柱形图,图表类型改为"饼图"。再将饼图删除,制作由"品牌"和"单价"两列生成折线图,效果如图 5-56 所示。

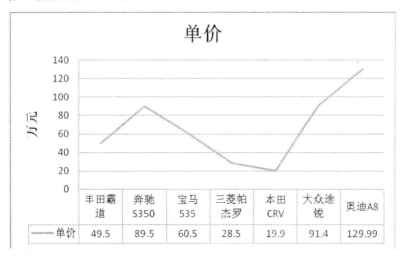

图 5-56　折线图效果

2.打开已保存的"期末考试.xlsx"工作簿,制作一个由"操作系统"、"JAVA 程序"和"网络安全"三列构成的三维簇状柱形图,效果如图 5-57 所示。

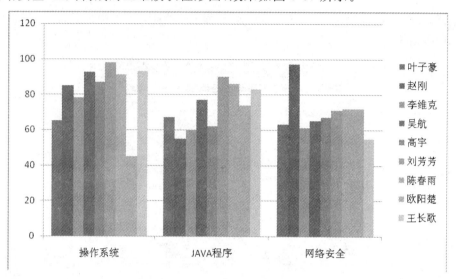

图 5-57　三维簇状柱形图效果

思考与练习

一、填空题

1.在 Excel 2007 中,操作对象的基本单位是＿＿＿＿＿＿。

2.Excel 2007 用于保存表格内容的文件叫＿＿＿＿＿＿,扩展名为.xlsx。

3.Excel 2007 在遇到 0～9 中的数字以及含有正号、负号、货币符号、百分号、小数点、指数符号以及小括号等数据时,就将其看成数字类型。输入数字时,Excel 自动将它沿单元格＿＿＿＿＿＿对齐。

4.自动填充只能在一行或一列上的连续单元格中填充数据。自动填充是根据＿＿＿＿＿＿决定以后的填充项。

5.Excel 2007 中默认的排序方向是＿＿＿＿＿＿排序。

6.图表是工作表数据的图形表示,可以帮助用户分析和比较数据之间的差异。图表与工作表数据相链接,工作表数据变化时,图表也随之＿＿＿＿＿＿,反映出数据的变化。

7.在建立分类汇总之前,必须对该字段进行＿＿＿＿＿＿以保证分类字段值相同的记录排在一起。

二、判断题(在每小题题后的括号内,正确的打"√",错误的打"×")

1.在 Excel 2007 中,一次只能打开一个工作簿文件,但一个工作簿可以包含多个工作表。　　　　　　　　　　　　　　　　　　　　(　　)

2.Excel 2007 工作表可以被重新命名。　　　　　　　　　　(　　)

3.在Excel 2007中,若要删除工作表,首先选定工作表,然后选择编辑菜单中的清除命令。　　　　　　　　　　　　　　　　　　　　　　　　　　　(　　)

4.在Excel 2007工作簿中的工作表,可以复制到其他工作簿中。　　(　　)

5.Excel 2007中的表格不能复制到Word 2007文档中。　　　　　　(　　)

6.在Excel 2007中,单击行号或列号按钮可以选取整行或整列。　　(　　)

7. 在Excel 2007中,插入的对象既可以是一幅图片,也可以是一段声音文件。
　　　　　　　　　　　　　　　　　　　　　　　　　　　　　　　(　　)

8.在Excel 2007中,当链接的对象的原文件发生变化时,链接的对象并不会改变。
　　　　　　　　　　　　　　　　　　　　　　　　　　　　　　　(　　)

9.在Excel 2007中,进行自动分类汇总之前,必须对数据清单进行排序。(　　)

10.在Excel 2007中,进行自动分类汇总,汇总方式只能是求和。　　(　　)

11.在Excel 2007中,编辑图表时,只需单击图表即可激活。　　　　(　　)

12.在Excel 2007中,编辑图表时,不可以修改图例的位置。　　　　(　　)

三、单项选择题(在备选答案中选择一个正确答案)

1.新建工作簿文件后,默认第一张工作簿的名称是(　　　　)。
　　A.Book　　　　　　B.表　　　　　　C.Book1　　　　　D.表1

2.Excel工作表的左上角的单元是(　　　　)。
　　A.11　　　　　　　B.AA　　　　　　C.A1　　　　　　D.1A

3.若在数值单元格中出现一连串的"♯♯♯"符号,希望正常显示则需要(　　　　)。
　　A.重新输入数据　　　　　　　　　B.调整单元格的宽度
　　C.删除这些符号　　　　　　　　　D.删除该单元格

4.一个工作表各列数据均含标题,要对所有列数据进行排序,用户应选取的排序区域是(　　　　)。
　　A.含标题的所有数据区　　　　　　B.含标题任一列数据
　　C.不含标题的所有数据区　　　　　D.不含标题任一列数据

5.假设B1为文字"100",B2为数字"3",则COUNT(B1:B2)等于(　　　　)。
　　A.103　　　　　　B.100　　　　　　C.3　　　　　　　D.1

6.如下正确表示Excel工作表单元绝对地址的是(　　　　)。
　　A.C125　　　　　B.$B$59　　　　C.$DI36　　　　　D.$F$E$7

7.在A1单元格输入2,在A2单元格输入5,然后选取A1:A2区域,拖动填充柄到单元格A3:A8,则得到的数字序列是(　　　　)。
　　A.等比序列　　　　B.等差序列　　　　C.数字序列　　　　D.小数序列

8.绝对地址在被复制或移动到其他单元格时,其单元格地址(　　　　)。
　　A.不会改变　　　　B.部分改变　　　　C.发生改变　　　　D.不能复制

9.在A1单元格中输入=SUM(8,7,8,7),则其值为(　　　　)。
　　A.15　　　　　　　B.30　　　　　　C.7　　　　　　　D.8

10.在Excel中,如果单元格A5的值是单元格A1、A2、A3和A4的平均值,则下面输入的公式不正确的是(　　)。

A. ＝AVERAGE(A1:A4)

B. ＝AVERAGE(A1,A2,A3,A4)

C. ＝(A1＋A2＋A3＋A4)/4

D. ＝AVERAGE(A1＋A2＋A3＋A4)

11. 有关 Excel 2007 的图表,下面表述正确的是(　　)。

A. 要往图表增加一个系列,必须重新建立图表

B. 修改了图表数据源单元格的数据,图表会自动跟着刷新

C. 要修改图表的类型,必须重新建立图表

D. 修改了图表坐标轴的字体、字号,坐标轴标题就自动跟着变化

12. 有关表格排序的说法正确是(　　)。

A. 只有数字类型可以作为排序的依据

B. 只有日期类型可以作为排序的依据

C. 笔画和拼音不能作为排序的依据

D. 排序规则有升序和降序

四、项目实训题

1. 制作失业人口统计表。

失业人口的统计是以每万人为统计单位,通过统计月份失业人口数量,可以直接反映出相应的经济发展变化。

请新建名为"统计表.xlsx"的工作簿,在 Sheet1 中输入如图 5-58 所示内容,并按照以下要求完成制作。

			失业人口月份统计表			
月份	RUS	UKR	BYL	KAZ	UZB	合计
七月	71.68	7.58	5	82	3.73	
八月	71.39	7.81	2.01	3.67	8.8	
九月	70.6	7.87	6.34	3.75	2.45	
十月	68.84	7.56	6.76	3.96	1.42	
十一月	73.01	6.02	6.25	3.88	6.38	
十二月	72.08	7.46	6.55	1.66	5.4	

图 5-58　统计表

(1) 设定整个表格的列宽为 6.5;

(2) 将第 13 行的文字改为蓝色加粗 12 号字;

(3) 求出每个月的合计数填入相应的单元格内;

(4) 求出月平均失业人数,填入相应的单元格中(保留 2 位小数);

(5) 添加一个反映 RUS 12 个月失业情况的折线图,图的位置放在 B28:G39。

2. 制作 2012—2013 赛季德甲联赛排名表。

德国足球甲级联赛,欧洲五大联赛之一,德甲联赛采取双循环主客场制比赛,总共18 支参赛球队根据赛季前统一制定的固定比赛计划相互对赛两次,其中主场、客场各

一次。上下半季的赛程并不相同，而双方球队亦不会在同一个半季中对赛两次。

请新建名为“排名表. xlsx”的工作簿，在 Sheet1 中输入如图 5-59 所示内容，并按照以下要求完成制作。

	A	B	C	D	E	F	G	H	I	J
1	德国足球甲级联赛排名表									
2	队　名	赛	胜	平	负	进球	失球	积分	净胜球	排名
3	拜仁慕尼黑	12	10	1	1	30	4			
4	勒沃库森	12	9	3	0	31	13			
5	多特蒙德	12	8	1	3	18	8			
6	凯泽斯劳滕	12	8	1	3	25	16			
7	沙尔克04	12	6	3	3	15	13			
8	柏林赫塔	12	6	2	4	20	17			
9	不来梅	12	6	2	4	17	14			
10	斯图加特	12	5	3	4	14	14			
11	弗赖堡	12	4	4	4	18	17			
12	慕尼黑1860	12	4	2	6	15	23			

图 5-59　排名表

(1) 将表格第一列(“队名”这一列)中的所有文字字号设为 12，加粗(“队名”两字除外)。

(2) 用公式求出每个球队的积分填入相应的单元格内。(每胜一场得 3 分，平一场得 1 分，负一场得 0 分。)

(3) 用自动填充方式在“排名”一列中填入名次。

(4) 将每个球队的所有信息按“进球”的多少从高到低排序。

(5) 将表格标题“德国甲级联赛积分表”的对齐方式设为垂直居中。

(6) 将数据部分复制到 Sheet2 中，利用数据筛选功能显示失球个数大于 10 个的球队信息。

项目六

使用多媒体技术处理信息

 ## 学习情境

　　某公司搜集了大量的图片、音频和视频素材,需要通过这些素材来展示公司的形象。公司邀请了一家知名的影视制作公司来对这些素材进行修改、整理,要求最后拼接成一个完整的视频文件并刻录成光盘来宣传。影视制作公司为了完成他们的要求,使用了多媒体技术对这些素材进行处理。多媒体技术就是集文字、图形、图像、声音和视频动画于一体的,具有交互性的传媒展示综合技术,因为是图文并茂,有声有色,所以引人入胜,宣传效果显著,受到人们的普遍欢迎和接受。多媒体不仅展示新颖,更因为它采用的是最新的数字技术,所以又是一个典型的技术密集型行业,几乎涉及了高新技术的每一个热点。

　　本项目主要讲述如何使用多媒体图形图像处理软件对图片进行修改、保存;使用多媒体音视频软件播放音频和视频;使用格式转换工具对多媒体文件格式进行转换和拼接等。

　　本项目主要包括以下任务:

　　✎ 了解多媒体技术

　　✎ 获取本地和因特网上的多媒体资源

　　✎ 使用图像软件处理图像

　　✎ 使用音视频软件播放音视频

　　✎ 使用格式工厂处理多媒体文件

任务一　了解多媒体技术

 ### 任务描述

　　掌握多媒体技术理论基础是学好多媒体技术的关键,为了以后能更好地使用多媒体技

术,用户需要对多媒体技术基础知识有初步的了解。本任务主要完成以下内容的学习:

➤ 多媒体技术的概念　　　　➤ 多媒体技术的特点

➤ 多媒体的组成　　　　　　➤ 多媒体计算机硬件和软件系统

➤ 常见的多媒体的文件格式

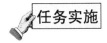

1.多媒体技术的概念

媒体指的是传播信息的载体,传统的媒体一般指报纸、电视、广播、杂志等,随着计算机技术的发展,在 20 世纪 90 年代,多媒体(MultiMedia)技术应运而生。多媒体指的就是多种媒体的复合,而多媒体技术是一种把文本、图形、图像、声音、动画等形式结合在一起,通过计算机进行统一控制和处理的技术。当今,多媒体技术被广泛地应用于出版、办公自动化、音视频会议、视频点播、信息查询、学校教育、商业广告等领域。

2.多媒体技术的特点

多媒体技术有以下几个主要特点:

① 集成性。集成性包括媒体信息(即文本、声音、图形、视频等)的集成性和媒体硬件设备的集成性。

② 控制性。根据用户的需要,有目的、有选择地表现出多种样式。

③ 交互性。交互性是多媒体应用有别于传统信息交流媒体的主要特征之一。传统信息交流媒体只能单向地、被动地传播信息,而多媒体技术则可以实现人对信息的主动选择和控制。

④ 实时性。当用户给出操作命令时,相应的多媒体信息都能够得到实时控制。

⑤ 非线性。以前人们读写方式都采用章、节、页的方式循序渐进地获取知识,而多媒体技术可以借助超文本链接的方法把内容以一种灵活、变化的方式呈现给读者。

⑥ 信息使用的方便性。用户可以按照自己的需要、兴趣、任务要求、偏爱和认知特点来使用信息,任取图、文、声等信息表现形式。

3.多媒体的组成

多媒体系统一般由多媒体硬件系统和多媒体软件系统两部分组成。

(1) 多媒体硬件系统

多媒体硬件系统包括多媒体计算机、多媒体输入设备、多媒体输出设备、多媒体存储设备、多媒体功能卡和操纵控制设备等。其中,最重要的是根据多媒体技术标准而研制生成的多媒体信息处理芯片、印刷电路板卡和光盘驱动器等。

(2) 多媒体软件系统

多媒体软件系统包括多媒体操作系统、媒体处理系统工具和用户应用软件等。

多媒体操作系统,也称为"多媒体核心系统",具有实时任务调度、多媒体数据转换以及图像用户界面管理等作用。

媒体处理系统工具,也称为"多媒体系统开发工具软件",它是多媒体系统重要的组成部分。

用户应用软件是根据多媒体系统终端用户的要求而特别定制的应用软件或面向某一领域的用户应用软件系统。

4.多媒体计算机硬件和软件系统

多媒体硬件系统的组成如图 6-1 所示。

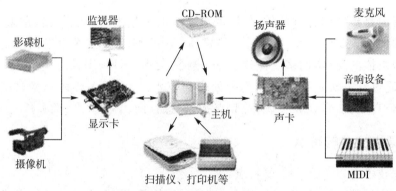

图 6-1　多媒体硬件系统

多媒体计算机硬件系统主要包括以下 6 个部分:

① 多媒体计算机:如个人计算机(PC)、工作站(WorkStation)、便携式计算机等。

② 多媒体输入设备:如摄像机、电视机、麦克风、录像机、视盘、扫描仪、CD-ROM等,如图 6-2 所示。

扫描仪　　　　摄像机　　　　电视机　　　　CD-ROM　　　　麦克风

图 6-2　多媒体输入设备

③ 多媒体输出设备:如打印机、绘图仪、音响、电视机、扬声器、录音机、录像机、高分辨率显示器等。

④ 多媒体存储设备:如硬盘、光盘、磁带、U 盘等,如图 6-3 所示。

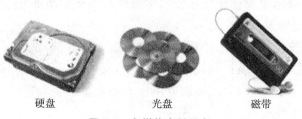

硬盘　　　　　　光盘　　　　　　磁带

图 6-3　多媒体存储设备

⑤ 多媒体功能卡：如视频采集卡、声音卡、视频压缩卡、家电控制卡、通信卡等，如图 6-4 所示。

视频采集卡

声音卡

视频压缩卡

图 6-4　多媒体功能卡

⑥ 操纵控制设备：如操纵杆、触摸屏、鼠标器、键盘等，如图 6-5 所示。

操纵杆

触摸屏

鼠标器

键盘

图 6-5　操纵控制设备

多媒体计算机的软件系统是以操作系统为基础，除此之外，还有多媒体数据库管理系统、多媒体压缩解压缩软件、多媒体声像同步软件、多媒体通信软件等。需要注意的是，多媒体系统在不同领域中的应用需要有不同的开发工具，而多媒体开发和创作工具为多媒体系统提供了方便直观的创作途径。一些多媒体开发软件包还提供了文本、色彩板、图像、声音、动画以及各种媒体文件的转换与编辑手段。

常见的多媒体软件有：

① 多媒体播放软件：Windows Media Player、QuickTime Player、暴风影音、豪杰超级解霸等。

② 多媒体制作软件：图像处理软件（PhotoShop、Coredraw）、动画制作软件（Flash、3D Max）、音频处理软件（Real Jukebox、Goldwave、L3Enc）、视频处理软件（Movie Maker、VideoStudio）等。

5.常见的多媒体的文件格式

（1）常见的文本文件格式

① TXT 格式文件：扩展名为.txt 的文件称为"文本文件"，例如，Windows 系统中记事本编辑的文件保存后即为 txt 格式，电子书大多也是 txt 格式。

② DOC 格式文件：扩展名为.doc 的文件是由 Microsoft 公司开发的 Word 生成的文档，它可以对文字进行多种格式设置并实现不同的效果。

（2）常见的图像文件格式

① BMP 格式文件：在 Windows 环境中，经常出现扩展名为 bmp 的文件，它是一种位图文件，也是 Windows 系统下的标准图像格式，使用非常广泛。由于它没有经过任何压缩处理，占用的物理空间大，但是它有一个明显的好处就是能被 Windows 环境下运行的所有软件所接受。例如，使用 Windows 自带的绘图工具绘制的图形，默认情况下保存的文件格式就是 BMP。

② GIF 格式文件:在因特网上,当用户浏览某些图片的时候,就会发现有些图片会产生动态效果,就像放电影一样,其实这不是视频,它是一种扩展名为.gif 的图像文件。GIF 图像文件称为"交换格式",支持 256 种颜色变化,并且支持图像背景透明。由于 GIF 图像占用的物理存储空间小,因此被广泛应用于因特网。

③ JPG 格式文件:和 BMP 文件不同,JPG 文件使用了一种称为"有损的压缩算法",它可以将很大的一幅图像压缩成只有原图像的二十分之一甚至更多。人们用肉眼很难分辨出压缩过的图像和原图有什么不同,其实这种压缩算法只是将人眼不易觉察的颜色删除,从而得到较大的压缩比。当今因特网上传输的图片 80% 以上都是 JPG 或 JPEG 文件。

④ PNG 格式文件:PNG 图像文件也是在因特网中被广泛使用的一种图像格式。它支持图像背景透明,同时在存储灰度图像时,深度可达到 16 位,并且可以使用 Alpha 通道调节图像透明度。

⑤ PSD 格式文件:扩展名为.psd 的文件是 PhotoShop 软件处理的图像。这种图像主要保存了一些图层信息,用户打开以后可以对每个图层分别进行编辑,所以它占用的物理空间很大。通常情况下,PSD 图像文件是不进行传输和使用的,当用户使用 PhotoShop 编辑完图片以后,把它转换为其他格式再去使用。

(3)常见的音频文件格式

① WAV 格式文件:WAV 文件称为"波形声音文件",是由微软公司开发的一种声音文件,主要应用于 Windows 平台的应用程序。

② CD 格式文件:CD 音频文件扩展名为.cda,它是音质比较高的音频格式。

③ MPEG 音频格式文件:运动图像专家组(Moving Picture Experts Group, MPEG)专门负责建立音频和视频压缩标准。以 MPEG 标准压缩的音频文件虽然是一种有损压缩,但它最大的特点是以极小的声音失真带来很高的压缩比(最高可达 12:1),适宜在网络上传输。通常见到以 MPEG 标准压缩的音频文件是 mp3 文件。

④ RA 格式文件:RA 格式是 RealNetworks 公司开发的一种新型流式音频文件格式(通常称为"流媒体文件"),主要在低速率的网络上实时传输。

(4)常见的视频文件格式

① AVI 格式文件:音频视频交错(Audio Video Interleaved,AVI)是由 Microsoft 公司开发的一种数字音频与视频文件格式。它对视频文件采用一种较高压缩比的有损压缩算法,尽管如此,由于其支持大多数平台,所以被用户广泛采用。

② MOV 格式文件:MOV 是 QuickTime 文件,通常使用 QuickTimePlayer 播放器来播放。它是由美国 Apple 计算机公司开发的一种音视频文件格式,具有较高的压缩比、完美的视频清晰度和跨平台等特点。

③ ASF 格式文件:ASF 文件是微软为 Windows 98 开发的一种高级串流多媒体文件格式,通常使用 Windows Media Player 播放器进行播放。

④ MPEG 视频格式文件:MPEG 视频文件和 MPEG 音频一样,也是由运动图像专家组负责压缩标准。常见的文件扩展名有.mp1、.mp2、.mp4 等。

任务二 获取本地和因特网上的多媒体资源

任务描述

在本任务中,通过搜索本机文件和使用网络搜索引擎完成多媒体素材的搜索。在本任务中主要完成以下内容的学习:

- ➤ 从本机搜索多媒体文件
- ➤ 使用搜索引擎搜索多媒体素材
- ➤ 使用百度搜索引擎

任务分析

本机和网络中存在大量的文件,要想得到用户需要的多媒体文件,必须使用搜索功能才能高效地完成。本任务分为以下几个步骤进行:

- ➤ 打开本机搜索窗口
- ➤ 搜索因特网上的多媒体资源
- ➤ 搜索本机多媒体文件

任务实施

【步骤一】打开本机搜索窗口。

1.选择"开始"→"搜索"命令,启动"搜索"窗口,如图 6-6 所示。

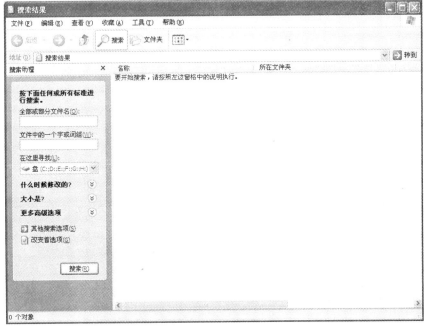

图 6-6 "搜索"窗口

搜索窗口和 Windows 其他窗口基本类似,主要区别是存在左窗格和搜索结果窗格。

(1)左窗格:在该窗格中,用户可以输入需要搜索的文件名或模糊文件名,选择在哪个磁盘中查找,还可以设定文件的修改日期、大小等,如图 6-7 所示。

(2)搜索结果窗格:主要显示搜索到的文件和文件夹。

【步骤二】搜索本机多媒体文件。

1.在左窗格"全部或部分文件名"编辑框中输入" *.jpg"。

2.在"在这里寻找"下拉列表框中选择一个磁盘分区(例如,"F 盘")。

3.单击"搜索"按钮,显示搜索结果,如图 6-8 所示。

图 6-7　搜索窗口的左窗格

图 6-8　搜索结果

4.在"全部或部分文件名"编辑框中输入" *.mp3"。

5.在"在这里寻找"下拉列表框中选择一个磁盘分区(例如:"F 盘")。

6.使用鼠标左键单击"搜索"按钮,显示搜索结果,如图 6-9 所示。

图 6-9　搜索结果

【步骤三】搜索因特网上的多媒体资源。

1.选择"开始"→"所有程序"→"Internet Explorer",打开"Internet Explorer"窗口,如图 6-10 所示。

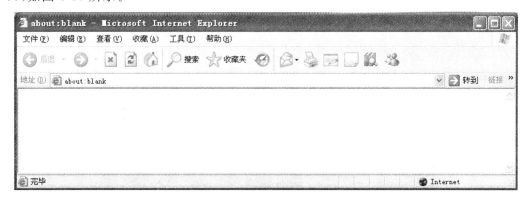

图 6-10　"Internet Explorer"窗口

2. 在地址栏中输入搜索引擎地址,如"http：//www.baidu.com",按 Enter 键,转到"百度"搜索引擎,如图 6-11 所示。

图 6-11　"百度"搜索引擎窗口

 小技巧　常用的搜索引擎除了"百度"以外,还有"谷歌",它的官方网址是"http：//www.google.com.hk"。

3. 选择"图片"链接,在输入栏内输入要找的多媒体文件关键字(例如,输入"风景"),然后单击"百度一下"按钮,进行模糊检索,如图 6-12 所示。

图 6-12　搜索结果窗口

4.选择一张图片,使用鼠标右键单击,在弹出的快捷菜单中选择"图片另存为"命令,然后选择保存路径,即可将图片保存到本地计算机的磁盘上。

> 💡 **小技巧**　　如果想搜索其他的多媒体文件,可以按照搜索图片的方法输入其他关键字。

 知识链接——模糊检索

1.模糊检索的概念

在计算机技术中,检索信息一般指的是从数据库查找与用户需要相匹配的信息。检索分为两种:一种是"模糊检索",另一种是"精确检索"。"模糊检索"是指搜索系统自动按照用户输入关键词的同义词进行检索,从而得出较多的检索结果。同义词由系统的管理界面配置。例如,配置了"计算机"与"Computer"为同义词后,检索"计算机",则包含"Computer"的信息也会出现在检索结果中。模糊检索也就是同义词检索,这里的同义词是用户通过"检索管理"中的"同义词典"来配置的。用户在检索页面中输入同义词中任何一个词检索时,只要选中"模糊检索"复选框,则该关键词的所有同义词信息也都会被检索出来。

2.模糊检索的好处

使用模糊搜索可以自动搜索关键字的同义词,提高搜索的精确性。一般当检索目标不是很明确的时候,例如,用户只知道要搜索的人的姓氏,而不知道具体的名字的时候,就可以模糊搜索。这时候只是对姓氏进行匹配,而不查找全称,检索的结果可能获得一些不需要的信息,不过可以通过添加搜索条件将检索的信息范围缩小。

任务三　使用图像软件处理图像

任务描述

PhotoShop 是由美国 Adobe 公司开发和发布的图像处理软件。默认情况下,Windows 操作系统不安装该软件,需要从官方网站下载此软件安装到本地计算机才可以使用。在本任务中,主要完成以下内容的学习:

- ➤ 认识 PhotoShop 操作界面
- ➤ 改变图片尺寸
- ➤ 使用滤镜设置图片特殊效果
- ➤ 了解图层的概念
- ➤ 在图片中添加文字
- ➤ 以不同格式保存图片文件

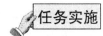

PhotoShop 处理图片功能非常强大,可以在平面设计、照片修复、广告摄影、艺术文字、网页制作、绘画等领域进行使用,本任务对 Photoshop 做简单的介绍。本任务分为以下几个步骤进行:

- ➢ 启动 Photoshop 软件
- ➢ 使用滤镜设置图片特殊效果
- ➢ 保存文件
- ➢ 改变图片尺寸
- ➢ 在图片中添加文字图层

任务实施

【步骤一】启动 PhotoShop 软件。

1.选择"开始"→"所有程序"→"Adobe PhotoShop CS5"命令,打开"PhotoShop CS5"窗口,如图 6-13 所示。

图 6-13 "Adobe PhotoShop CS5"窗口

PhotoShop 窗口由以下几部分组成:

(1)标题栏:使用标题栏可以放大、缩小、最小化和关闭窗口。

(2)菜单栏:提供大量处理图片的命令。

（3）绘图工具栏：使用绘图工具栏可以绘制自定义图形，也可以对已有的图像进行加工。

（4）工作区：编辑图像的主要区域，通常是以窗口的形式呈现的。一个 PhotoShop 主窗口可以包含若干个工作区窗口，也就是说可以同时打开多张图片。

【步骤二】改变图片尺寸。

1.选择菜单"文件"→"打开"命令，选择需要处理的图片，如图 6-14 所示。

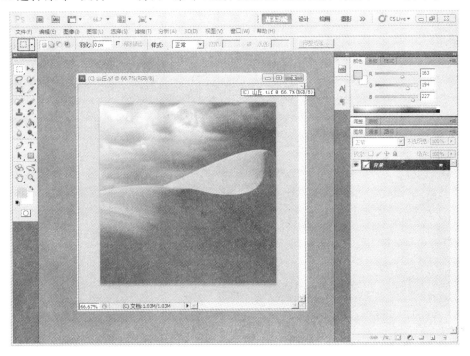

图 6-14　载入图片后的窗口

2.选择菜单"图像"→"图像大小"命令，在这里可以通过宽度和高度的像素或百分比调整图片的大小，如图 6-15 所示。

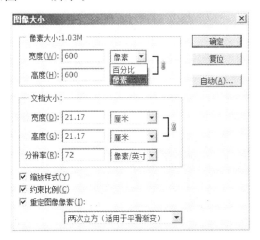

图 6-15　调整图像大小对话框

【步骤三】使用滤镜设置图片特殊效果。

1.选择菜单"滤镜(T)",在下拉菜单中选择不同的滤镜可以实现图像的不同效果。图 6-16 所示给出的是 4 种不同的滤镜效果。

图 6-16　4 种不同滤镜效果

✎ 知识链接——PhotoShop 滤镜

滤镜是 PhotoShop 中最具有创造力的工具。它可以通过不同的方式改变像素数据,以达到对图像进行抽象、艺术化的特殊效果处理。在 PhotoShop 图像处理过程中,经常将多个滤镜混合使用产生特殊效果。使用滤镜的实质是将整幅图像或选区中的图像进行特殊处理,将各个像素的色度和位置数值进行随机或预定义的计算,从而改变图像的形状。对大多数滤镜来说,即使是同一个滤镜,对不同的影像,也可以处理产生不同的效果。效果在很大意义上依赖于原始影像中的光线色彩、阴影和高光部,另外还有主题的色彩。

【步骤四】在图片中添加文字图层。

1.单击工具箱中的文字工具 T,系统会自动创建一个新的文字图层。

2.在图片中单击文字图层并输入文字。

3.选中文字,对文字进行字体、字号、颜色、形状等设定。

4.使用工具箱中的选择工具，移动文字在图片中的位置，如图 6-17 所示。

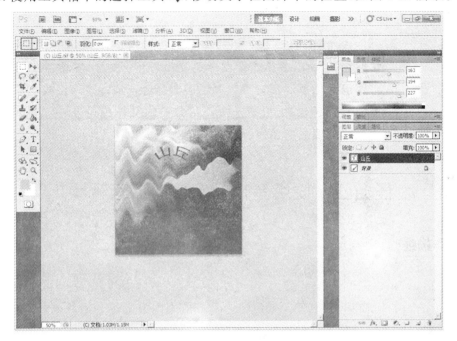

图 6-17　使用文字工具后的效果

【步骤五】保存文件。

1.图片处理完毕以后需要保存，选择菜单"文件"→"存储为"命令，打开"存储为"对话框，如图 6-18 所示。

图 6-18　"存储为"对话框

2.单击"格式"下拉列表框,选择"Photoshop(＊. PSD;＊. PDD)",将文件保存为PhotoShop 默认格式。

注意	**PhotoShop** 保存文件时需要选择保存的文件类型,如果选择扩展名为. psd,表示这个文件是 PhotoShop 文件,图像中仍旧保存了图层等信息。而如果选择扩展名为.jpg 或.gif 等格式,保存时,图层将进行合并,变成一个不可分割的文件,而不保存 PhotoShop 编辑时的图层等信息。

任务四　使用音视频软件播放音视频

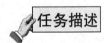 **任务描述**

　　Windows Media Player 是微软公司出品的一款免费的播放器,是 Windows XP 操作系统的一个组件,简称"WMP"。暴风影音是目前国内最大的音视频播放软件,它可以支持多种多媒体文件格式。在本任务中,主要完成以下内容的学习:
　　➢ 使用 WMP 播放音视频　　　➢ 将音视频文件添加到 WMP 播放列表
　　➢ 学会下载和安装暴风影音　　➢ 使用暴风影音播放音视频文件
　　➢ 使用暴风影音播放网络视频

任务分析

　　使用 WMP 可以播放特定格式的音频和视频文件,需要注意的是,有些多媒体文件格式它并不支持。暴风影音提供非常友好的图像用户界面,用户只要会简单的Windows 操作,就可以很好地使用该软件。本任务分为以下几个步骤进行:
　　➢ 打开 WMP 播放器
　　➢ 把音频文件添加到 WMP 播放列表播放
　　➢ 把视频文件添加到 WMP 播放列表播放
　　➢ 下载安装暴风影音软件
　　➢ 使用暴风影音播放音频
　　➢ 使用暴风影音播放视频
　　➢ 使用暴风影音播放因特网视频

 **任务实施**

　　【步骤一】打开 WMP 播放器。

1.选择"开始"→"所有程序"→"Windows Media Player"命令,打开媒体播放器,如图 6-19 所示。

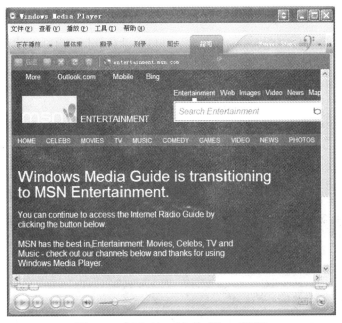

图 6-19 "Windows Media Player"窗口

【步骤二】把音频文件添加到 WMP 播放列表播放。

1.选择窗口中的"正在播放"→"正在播放列表"→"打开播放列表"→"打开文件"命令。

2.在弹出的对话框中找到存放音频文件的位置,选择若干文件打开,播放列表中就被添加上所选择的音频文件,如图 6-20 所示。

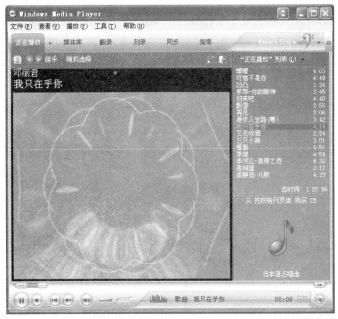

图 6-20 Windows Media Player 播放列表

3.双击要播放的歌曲,即可进行播放。

【步骤三】把视频文件添加到 WMP 播放列表播放。

播放视频文件和音频文件的操作步骤一样,当用户添加完播放列表以后,只要双击需要播放的视频文件即可。

【步骤四】下载安装暴风影音软件。

1.打开 IE 浏览器,在地址栏输入"http://www.baofeng.com",按 Enter 键转到暴风影音官方主页面,如图 6-21 所示。

图 6-21　暴风影音官方主页面

2.单击"立即下载",把暴风影音的文件安装包下载到本地磁盘。

3.双击安装包,单击"运行"→"开始安装"命令,然后在各个安装页面分别单击"下一步"命令,直到安装完成。

 注意　安装软件需要接受软件的许可协议,否则安装无法继续。

【步骤五】使用暴风影音播放音频。

1.选择"开始"→"所有程序"→"暴风软件"→"暴风影音 5"命令,此时,打开暴风影音窗口,如图 6-22 所示。

图 6-22 暴风影音窗口

2.单击"打开文件",则弹出如图 6-23 所示的对话框。

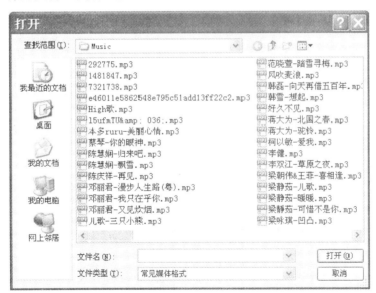

图 6-23 "打开"对话框

3.选择要播放的歌曲,单击"打开"按钮,即可播放。

175

4. 选择"正在播放"→"添加到播放列表"命令，如图 6-24 所示。

图 6-24　添加播放列表对话框

5. 选择多个音频文件，单击"打开"命令。

6. 在播放列表中双击一个文件，此时就可以让多个文件连续播放了，如图 6-25 所示。

图 6-25　播放列表窗口

【步骤六】使用暴风影音播放视频。

播放视频和播放音频的操作方法相同,只要选择视频文件就可以播放了。

【步骤七】使用暴风影音播放因特网视频

使用暴风影音播放因特网视频,首先要确保计算机已经连接上因特网,并且要求带宽足够大。如果带宽不够,在播放过程中可能会出现停顿现象。

1.打开暴风影音软件,在窗口中单击"在线影视"列表,如图 6-26 所示。

2.在列表中选择需要播放的视频双击,即可播放。

3.如果播放列表中没有用户想看的视频,也可以通过搜索找到需要的视频。例如,在"在线影视"下输入"后天",单击"查询",此时右边会弹出"在线影视"播放窗口,如图 6-27 所示,再单击影视下的播放即可。

图 6-26 "在线影视"列表

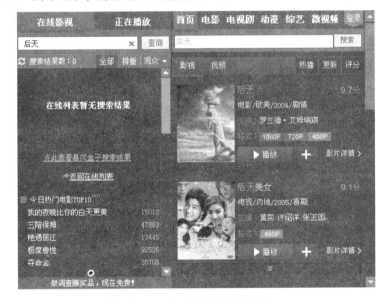

图 6-27 "在线影视"播放窗口

任务五 使用格式工厂处理多媒体文件

任务描述

格式工厂英文名称为 Format Factory,它是一款全免费的多功能多媒体格式转换软件,适用于 Windows。它可以实现大多数视频、音频和图像文件格式之间的相互转换。

转换可以具有设置文件输出配置、增添数字水印等功能。用户只要安装了格式工厂，就无须再去安装其他多媒体格式转换工具。在本任务中，主要完成以下内容的学习：

➤ 下载安装格式工厂软件　　　　➤ 了解格式工厂窗口基本组成
➤ 使用格式工厂转换图片格式　　➤ 使用格式工厂转换音视频格式
➤ 使用格式工厂合并音视频

任务分析

格式工厂操作起来也非常简单，只要按照系统提示操作就会很快学会其基本功能，当然要想对格式工厂熟练自如，那还需要系统的学习。本任务分为以下几个步骤进行：

➤ 下载安装格式工厂软件　　　　➤ 启动格式工厂
➤ 转换图片格式　　　　　　　　➤ 转换音视频格式
➤ 合并音视频文件

任务实施

【步骤一】下载安装格式工厂软件。

1.打开 IE 浏览器，在地址栏输入"http：// format-factory. softonic. cn"网址，按 Enter 键转到格式工厂官方网站，如图 6-28 所示。

图 6-28　格式工厂官方网站

2.单击"免费下载",把安装文件保存到本地计算机磁盘上。

3.双击下载的文件,进入安装向导。注意:此时需要接受软件使用许可协议。

4.根据安装提示操作,即可把文件安装到本地计算机。

【步骤二】启动格式工厂。

1.选择"开始"→"所有程序"→"格式工厂"命令,启动格式工厂,打开格式工厂主窗口,如图 6-29 所示。

图 6-29　格式工厂主窗口

格式工厂窗口与其他软件窗口有些不同,主要分为以下几个部分:

(1)标题栏:通过标题栏可以进行窗口的最大化、最小化和关闭操作。

(2)菜单栏:通过菜单栏既可以设置任务、皮肤、语言,也可以查看系统提供的帮助信息。

(3)工具栏:通过工具栏可以打开输出文件的位置、设置系统参数、开始、停止转换等操作。

(4)格式转换和文件编辑窗格:此窗格主要包括视频、音频、图片和光驱设备的转换编辑按钮,也包括"高级"里的多媒体文件的加工按钮。

(5)转换状态窗格:显示文件的来源、大小、转换进度和输出路径等信息。

【步骤三】转换图片格式。

1.单击"图片"→"JPG",打开"添加文件"对话框,如图6-30所示。

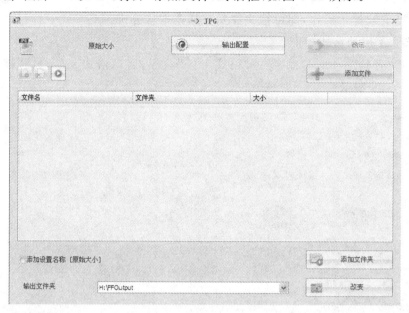

图6-30 "添加文件"对话框

在"添加文件"对话框中,用户不仅可以添加本地文件,也可以设置文件的输出配置。

2.单击"添加文件",从本地磁盘中选择一个图像文件,然后单击"确定"按钮,添加文件完成后的窗口如图6-31所示。

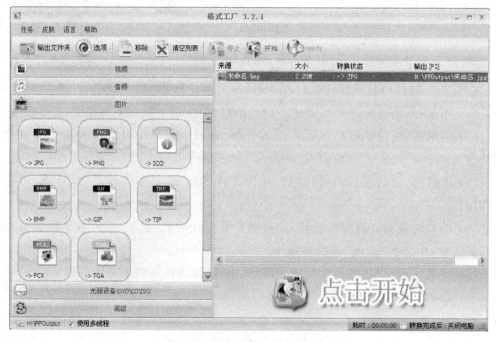

图6-31 添加文件完成后的窗口

3.单击"开始",如果"转换状态"显示"完成",那么转换完成的 JPG 文件就被保存到默认目录中了。

【步骤四】转换音视频格式。

1.单击"音频"或"视频",选择需要转化的文件格式(例如,本地磁盘中有个视频文件的格式为 avi,需要转换成 mp4 格式)。

2.单击"添加文件",从本地磁盘找到视频文件。

3.单击"输出配置"来设定文件的输出质量和大小,如图 6-32 所示,设置完毕后单击"确认"。

图 6-32　"视频设置"对话框

4.单击"开始",视频文件将被转换。

5.查看"转换状态"是否显示"完成",如果显示"完成",则转换后的文件将被保存在默认目录中。

【步骤五】合并音视频文件。

音视频文件的合并主要是针对两个或两个以上的独立文件进行的。使用音视频文件合并功能,可以将多个文件合并成一个文件,常用于音乐串烧和视频连接。

1.选择"高级"→"音频合并"命令,弹出"音频合并"对话框,如图 6-33 所示。

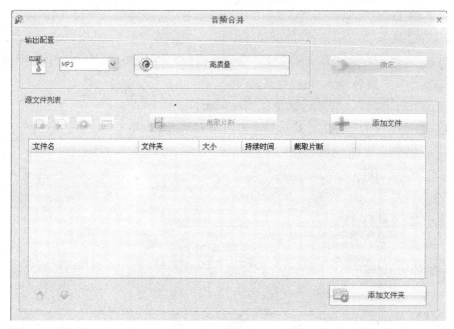

图 6-33 "音频合并"对话框

通过"音频合并"对话框,用户可以添加文件并设置文件的输出格式、质量的高低。

2.单击"添加文件",选择两个需要转换的音频文件并单击"确认",此时用户将看到"转换状态"窗格中将两个文件合并为一个文件,如图 6-34 所示。

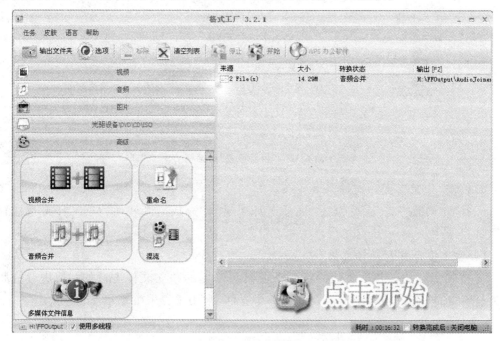

图 6-34 添加文件完成后的状态

3.单击"开始",等转换完成以后,用户就可以去保存目录中找到转换的文件。

知识链接——格式工厂的功能

格式工厂是一个万能的多媒体格式转换软件,主要有以下几种功能:

1. 对视频、音频、图片文件进行格式转换。例如,它可以将几乎所有类型视频文件转换成 mp4、3gp、avi、mkv、wmv、mpg、mov、swf 等。

2. 截取音频、视频片段,剪裁视频的局部画面。

3. 对视频附加字幕和水印。

4. 对图片转换文件的大小进行控制。

5. 音视频合并。

6. 支持移动设备。

7. 音频和视频的混流。

8. 设置文件输出配置(包括视频的屏幕大小、比特率、视频编码、每秒帧数、音频采样率等)。

思考与练习

一、填空题

1. 用画图软件绘制的图像,默认情况下,扩展名是_____。

2. 使用 Photoshop 处理过的图像,在保存的时候,系统会自动选择_____名称作为文件的扩展名。

3. 多媒体技术有_____、_____、_____、_____、_____等主要特征。

4. 多媒体系统主要包括_____、_____两部分。

5. bmp 属于_____文件格式;mp3 属于_____文件格式;mpeg 属于_____文件格式。

6. 如果要想从本地磁盘中搜索出所有扩展名为 jpg 的文件,需要在搜索的时候输入_____。

7. 多媒体是指多种媒体的_____应用。

8. 媒体指的是_____的载体。

二、判断题(在每小题题后的括号内,正确的打"√",错误的打"×")

1. 在相同的条件下,位图所占的空间比矢量图小。　　　　　　　(　　　)

2. 计算机中所有图形都是位图文件。　　　　　　　(　　　)

3. 在本地磁盘搜索多媒体文件时,不仅可以使用通配符"*",也可以使用通配符"?"。　　　　　　　(　　　)

4. 图像的大小或尺寸只能使用像素表示。　　　　　　　(　　　)

5. 使用运动图像压缩算法,其压缩比最高可达 200:1。　　　　　　　(　　　)

6. png 格式图像可以调节其透明度。　　　　　　　(　　　)

三、单项选择题(在备选答案中选择一个正确答案)

1. 多媒体计算机技术中的"多媒体"可认为是(　　)。

　　A. 磁带、磁盘、光盘等实体

　　B. 文字、图像、图像、声音、动画、视频等载体

　　C. 多媒体计算机、手机等设备

　　D. 互联网、Photoshop

2. 下列不属于多媒体开发的基本软件的是(　　)。

　　A. 画图和绘图软件　　　　　　　　B. 音频编辑软件

　　C. 图像编辑软件　　　　　　　　　D. 项目管理软件

3. 多媒体产品由于其存储容量大,所以大多是以(　　)作为载体,便于产品的播放和传播。

　　A. 光盘　　　　　B. 硬盘　　　　　C. 软盘　　　　　D. 磁带

4. 下列声音文件格式中,(　　)是波形声音文件格式。

　　A. WAV　　　　　B. CMF　　　　　C. VOC　　　　　D. MID

5. 多媒体技术中的媒体一般是指(　　)。

　　A. 硬件媒体　　　　B. 存储媒体　　　C. 信息媒体　　　D. 软件媒体

6. 下列(　　)不是图形图像文件的扩展名。

　　A. mp3　　　　　B. bmp　　　　　C. gif　　　　　D. wmf

7. 下列(　　)不是图形图像处理软件。

　　A. ACDSee　　　　　　　　　　　B. CorelDraw

　　C. 3DS MAX　　　　　　　　　　D. SNDREC32

8. 下列不是多媒体素材的是(　　)。

　　A. 波形、声音　　　　　　　　　　B. 文本、数据

　　C. 图形、图像、视频、动画　　　　D. 光盘

9. 下列叙述不正确的是(　　)。

　　A. 图像都是由一些排成行列的像素组成的,通常称为"位图"或"点阵图"

　　B. 图形是用计算机绘制的画面,也称"矢量图"

　　C. 图像的数据量较大,所以彩色图(如照片等)不可以转换为图像数据

　　D. 图形文件中只记录生成图的算法和图上的某些特征点,数据量较小

10. 使用格式工厂不能做到的是(　　)。

　　A. 改变图像文件的格式

　　B. 改变视频文件的格式

　　C. 绘制自定义图形

　　D. 截取视频片断

四、项目实训题

1. 使用画图软件绘制一幅自己生活中的图像,并以 JPG 格式保存在"我的文档"中。

2.从网络上下载一幅图像,使用 Photoshop 软件对其处理。要求:

(1)增加一个图层,并输入图像标题。

(2)使用"分层云彩"滤镜渲染。

(3)把文件保存为 JPG 格式。

3.使用暴风影音播放一个视频文件。

4.任意选择两个音频文件,使用格式工厂把两个文件合并,并在 Windows Media Player 中播放。

项目七

使用 PowerPoint 2007 制作演示文稿

 学习情境

　　博书科技出版社为了展示企业形象、扩大业务,在华中地区召开了一次图书发行会议。在此次会议上,安排了对出版社的宣传演讲,要求使用演示文稿,通过投影仪向参会人员介绍出版社的基本情况,宣传出版社的企业文化,展示出版社的形象与实力。

　　本案例讲述的是如何向别人介绍和宣传自己的公司。规范的企业要有成熟的企业介绍,一般应包括企业的性质、经营范围与规模、主要组织机构、企业的文化和员工面貌、企业发展目标、荣誉与社会形象等。

　　演示文稿可用于设计制作个人简历、教师授课、公司宣传、产品介绍等的电子版幻灯片。PowerPoint 是目前最流行的、专门用于制作和播放演示文稿的软件,使用 PowerPoint 能够制作出集文字、图形、图像、声音以及视频剪辑等多媒体元素于一体的演示文稿,把自己所要表达的信息组织在一组图文并茂的画面中,用户不仅可以在投影仪或者计算机上进行演示,也可以将演示文稿打印出来,制作成胶片,以便应用到更广泛的领域中。

　　本项目将使用 PowerPoint 2007,制作该出版社的演示文稿,制作完成的结果可以在诸如会议的场合中演讲与展示,也可以发布到企业网页上作为宣传资料。制作完成的效果如图 7-1 所示。本项目主要包括以下任务:

　　🖑 制作博书科技出版社介绍的首页幻灯片
　　🖑 制作博书科技出版社介绍的其他幻灯片
　　🖑 增加演示文稿的多媒体效果
　　🖑 设置演示文稿的放映效果

图 7-1　博书科技出版社介绍效果图

任务一　制作博书科技出版社介绍的首页幻灯片

任务描述

在本任务中,主要完成以下内容的学习:

➤ 认识 Powerpoint 2007 的操作界面　　　➤ 在演示文稿中输入文本内容

➤ 在演示文稿中绘制图形　　　　　　　　➤ 在演示文稿中插入图片和艺术字

➤ 创建并保存演示文稿　　　　　　　　　➤ 使用模板创建演示文稿

任务分析

演示文稿的表现形式因其目的和用途的不同而不同,因此在动手制作演示文稿前需要进行整理素材和整体规划。这里的素材包括文字、图片及音视频素材等。规划演示文稿是指根据收集的企业资料素材,围绕演示文稿的制作目的,进行整体布局设计。

在完成上述工作以后,就可以在 PowerPoint 2007 中,制作公司介绍的演示文稿了。

首页是演示文稿的脸面,应包含企业的标识图标和企业名称,效果应做到图文并茂,具有吸引力。预期的效果如图 7-2 所示。本任务分为以下几个步骤进行:

图 7-2　博书科技出版社介绍首页示例

> 创建空白演示文稿
> 插入首页中的图片
> 使用文本框对象在首页中输入文本

> 绘制首页中的图形对象
> 插入首页中的艺术字标题
> 保存演示文稿

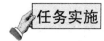

【步骤一】创建空白演示文稿。

1. 选择"开始"→"所有程序"→"Microsoft Office"→"Microsoft Office PowerPoint 2007"选项,启动 PowerPoint 2007 演示文稿软件,将打开 PowerPoint 演示文稿编辑窗口,此时系统默认创建一个名为"演示文稿 1"的空白演示文稿,如图 7-3 所示。

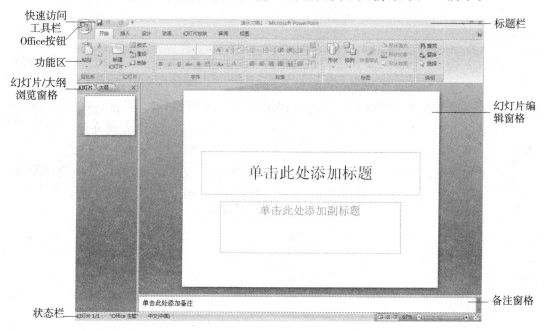

图 7-3 PowerPoint 演示文稿编辑窗口

PowerPoint 2007 编辑窗口的组成与其他 Office 组件的编辑窗口类似,但由于功能不同,也存在不同的组成部分。下面介绍 PowerPoint 2007 不同于其他 Office 组件的窗口组成:

(1) 幻灯片编辑窗格。在该窗格中,用户可以以"所见即所得"形式对幻灯片进行设计与编辑操作。这是 PowerPoint 的主要工作区域。

(2) 备注窗格。用户可以在该窗格中添加与当前幻灯片内容相关的备注信息。备注信息默认状态下是不随幻灯片而播放的,可以将备注信息打印出来,供展示演示文稿时进行参考。

(3) 幻灯片/大纲浏览窗格。在该窗格的幻灯片选项卡中,每个幻灯片都将以缩略图方式排列,呈现演示文稿的总体效果,用户可以在此处进行添加/删除幻灯片、调整幻灯片的位置等操作；在大纲选项卡中，按幻灯片编号顺序和内容的层次关系，显示幻灯片的编号、图标、标题和主要文本内容，用户可以在此处进行添加/删除幻灯片、调整幻灯片位置、编辑文本内容等操作。

2.单击"开始"选项卡"幻灯片"组中"版式"功能按钮，系统将弹出幻灯片版式窗格，如图7-4所示。在该窗格中单击"空白"版式，该版式将应用于"演示文稿1"中。

所谓"版式"是指预先对幻灯片内容的位置和格式进行设置，用户直接输入幻灯片内容即可应用相应的设置效果展示幻灯片。

【步骤二】绘制首页中的图形对象。

1.单击"插入"选项卡"插图"组中"形状"功能按钮，系统将弹出形状列表窗格，如图7-5所示。

图7-4　幻灯片版式窗格

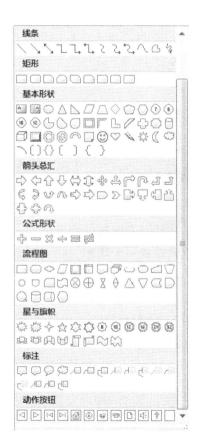

图7-5　形状列表窗格

2.在形状列表窗格的线条组中单击直线按钮，按住Shift键的同时按住鼠标左键拖动鼠标绘制一条直线，按照图7-2所示调整直线位置与长度。然后将鼠标指向直线并单击右键，在快捷菜单中选择"设置形状格式"选项，打开设置形状格式对话框，如

图 7-6 所示。在该对话框中设置直线的颜色与宽度。

图 7-6 "设置形状格式"对话框

 小技巧　　　在选定了直线、矩形或椭圆形状后,按住 **Shift** 键的同时按住鼠标左键拖动鼠标可以绘制标准直线、正方形或标准圆。

　　3. 在形状列表窗格的矩形组中单击矩形按钮□,按住鼠标左键拖动鼠标在幻灯片中下部位置绘制一个矩形,然后将鼠标指向绘制的矩形并单击鼠标右键,在快捷菜单中选择"设置形状格式"选项,打开设置形状格式对话框,在该对话框中按照图 7-2 所示设置矩形的颜色并设置线条颜色为"无线条"。用同样方法绘制其他两个矩形。

　　按住 Shift 键同时单击选择 3 个矩形,将鼠标指针指向选定的 3 个矩形并单击右键,在快捷菜单中选择"组合"→"组合"选项,将 3 个矩形组合成一个对象。

 注意　　　将若干对象组合成一个对象,便于对这几个对象进行整体操作,如调整在幻灯片的位置等。同时也可以防止因插入其他对象而改变这几个对象的相对位置。

　　4. 使用同样方法按照图 7-2 所示绘制右上角的矩形。

绘制完成首页中图形对象后,幻灯片效果如图7-7所示。

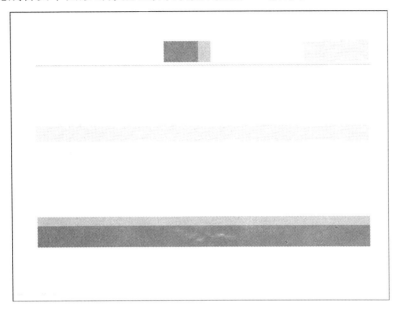

图 7-7　绘制完成图形对象后的首页效果

【步骤三】插入首页中的图片。

1.单击"插入"选项卡"插图"组中"图片"功能按钮，系统将弹出插入图片对话框,如图7-8所示。

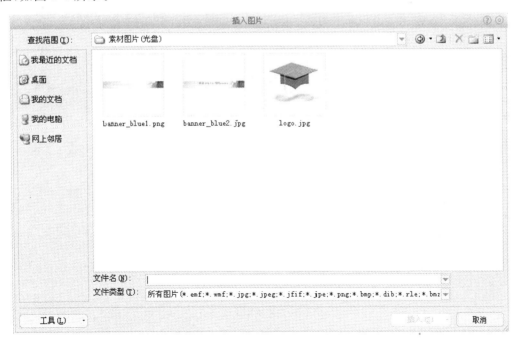

图 7-8　"插入图片"对话框

2.在此对话框中选择需要插入的图片,单击"插入"按钮,所选择的图片即被插入到幻灯片中。按照图7-2所示示例分别插入首页中的企业 logo 图标和其他图片,并对其位置、大小进行适当的调整。操作效果如图7-9所示。

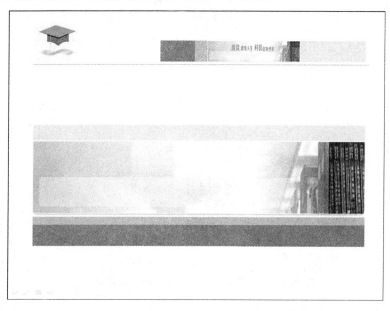

图7-9 插入图片后的幻灯片效果

【步骤四】插入首页中的艺术字标题。

1.单击"插入"选项卡"文本"组中"艺术字"功能按钮 ,系统将弹出艺术字样式列表窗格,如图7-10所示。

2.在列表中选择需要插入的艺术字样式,屏幕上将显示艺术字文本框,输入文本,如"博书科技出版社",如图7-11所示,此时在 PowerPoint 窗口的功能区自动显示"格式"功能选项卡,通过该选项卡可以对艺术字格式进行进一步设置。

3.使用同样方法插入"Boshu Science & Technology Publishing House"艺术字。

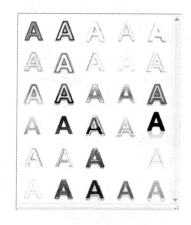

图7-10 艺术字样式列表

图7-11 艺术字文本框

4.艺术字的进一步操作:

(1)改变艺术字的形状。PowerPoint 2007 提供了很多常用的艺术字形状供用户选用,如图 7-12 所示。用户可以在选定艺术字后,在"格式"功能选项卡的"艺术字样式"组中单击"文本效果"功能按钮 ,然后选择"转换"选项打开该列表窗格。

(2)设置艺术字的样式。艺术字的样式包括艺术字的填充颜色、形状轮廓、形状大小、对齐方式等。用户可以在选定艺术字后,在"格式"功能选项卡的"形状样式"组中单击"其他"按钮 ,将弹出艺术字外观样式列表窗格,如图 7-13 所示。用户可选择不同样式,加强艺术字外观效果。

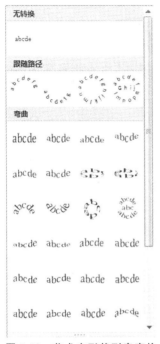

图 7-12　艺术字形状列表窗格　　　　图 7-13　艺术字外观样式列表窗格

【步骤五】使用文本框对象在首页中输入文本。

1.单击"插入"选项卡"文本"组中"文本框"功能按钮 ,然后选择"横排文本"选项,在幻灯片上按住鼠标左键拖动鼠标添加一个文本框,然后输入文本内容"Welcome to Boshu"。

2.设置文本的格式。选定文本框中的文本,单击"开始"选项卡"字体"组中对话框启动按钮 ,弹出"字体"对话框,在字体对话框中设置文本字体为"Arial",字号为"9"。

至此,博书科技出版社介绍的演示文稿的首页制作完毕,最终效果见图 7-2 所示。

💡 **注意**　　**在 Powerpoint 中,使用文本框向幻灯片中输入文本。**

【步骤六】保存演示文稿。

单击"Office 按钮" ,选择"保存"选项,在"另存为"对话框中将演示文稿以"博书科技出版社介绍.pptx"为文件名,保存到"我的文档"文件夹中。

💡 **注意**　　**在 Powerpoint 2007 中,演示文稿保存的文件扩展名为"pptx"。**

知识链接

1.使用模板创建演示文稿

模板是指一种演示文稿的模型,模板中包含已设置好的各种格式与图片样式。模板如同裁缝使用的纸样,裁缝可以使用一个纸样裁剪出同类型的很多衣服,同样,用户可以基于某一模板方便、快速地建立具有待定格式或统一格式的演示文稿。Powerpoint 2007中模板文件扩展名为"potx"。使用模板创建演示文稿的操作步骤为:

(1)单击"Office 按钮" ,选择"新建"选项,屏幕将显示"新建演示文稿"对话框,在该对话框中单击选择"已安装的模板"选项,对话框中将显示各种已安装的模板的预览图片,如图 7-14 所示。

图 7-14 "新建演示文稿"对话框

(2)在列表中单击选择需要的模板,然后单击"创建"按钮,即可以该模板样式建立新的演示文稿。

> **注意** 依据模板创建的演示文稿,用户可以根据需要进行编辑和修改。

2.幻灯片视图方式

Powerpoint 2007 提供了 4 种主要的幻灯片视图:普通视图、幻灯片浏览视图、幻灯片放映视图和备注页视图。下面以博书科技出版社演示文稿为例,介绍这几种视图的样式。

(1)普通视图

普通视图是 Powerpoint 的主要编辑视图,在该视图下,可以显示整张幻灯片,用户可以在该视图下进行演示文稿的撰写与设计。

(2)幻灯片浏览视图

在幻灯片浏览视图中,各个幻灯片按次序排列,用户可以看到整个演示文稿的排版样式,浏览各个幻灯片及其相对位置。在该视图中,用户可以对幻灯片进行编辑操作,但不能编辑幻灯片中的具体内容。

(3)幻灯片放映视图

用户可以通过幻灯片放映视图播放演示文稿,检查幻灯片放映效果,幻灯片放映视图占据整个计算机屏幕。

(4)备注页视图

在备注页视图中,用户可以为幻灯片添加相关的说明内容。

单击"视图"选项卡"演示文稿视图"组中相应功能按钮,即可在各视图方式下显示幻灯片。

课堂练习

1.打开"博书科技出版社介绍.pptx"演示文稿,在不同的视图方式下显示幻灯片,注意观察不同视图方式的区别。

2.按照图 7-15 所示,制作个人简历演示文稿的首页。

图 7-15　个人简历首页幻灯片

3.设计一个介绍唐诗的演示文稿的首页幻灯片,相关素材可以在网络上进行搜索。

任务二　制作博书科技出版社介绍的其他幻灯片

任务描述

在本任务中,主要完成以下内容的学习:
➤ 在演示文稿中插入、复制、移动、删除幻灯片
➤ 使用 SmartArt 图形制作公司的组织结构图
➤ 在幻灯片中应用表格
➤ 放映幻灯片

任务分析

本次任务将要完成除首页幻灯片以外的其他所有页面幻灯片的制作,包括目录、公司简介、公司理念、管理体系(组织结构)、服务范围、效益表格、精英团队、联系我们等,基本涵盖了介绍一个公司的主要内容。预期的效果如图 7-1 所示。本任务分为以下几个步骤进行:
➤ 打开演示文稿　　　　　➤ 插入幻灯片并制作目录页
➤ 制作其他幻灯片页面　　➤ 使用 SmartArt 图形制作公司组织结构图
➤ 在幻灯片中应用表格　　➤ 放映幻灯片

任务实施

【步骤一】打开演示文稿。

编辑过去已保存过的演示文稿,必须先将该演示文稿打开,打开演示文稿就是将演示文稿文件从外存储器中调入内存并显示出来的过程。操作方法是:

单击"Office 按钮"，选择"打开"选项,在"打开"对话框中选择保存在"我的文档"文件夹中的"博书科技出版社介绍.pptx"演示文稿文件,单击"打开"按钮即可。

【步骤二】插入幻灯片并制作目录页。

1.插入新幻灯片。

在幻灯片浏览窗格中,选定要插入新幻灯片位置之前的幻灯片,然后单击"开始"选项卡"幻灯片"组中"新建幻灯片"功能按钮右下角的箭头,系统将弹出幻灯片版

式窗格,在该窗格中单击"空白"版式,插入一张新的空白幻灯片。

 小技巧　如果插入的幻灯片与原有幻灯片版式或样式相似,可以通过复制幻灯片操作实现新幻灯片的插入,然后对复制后的幻灯片进行编辑。操作方法是:在幻灯片浏览窗格中,选定要复制的幻灯片,单击"开始"选项卡"剪贴板"组中"复制"功能按钮,然后将插入点移至插入位置,再单击"粘贴"按钮。

在本例中,幻灯片内页的样式基本相同,所以可以使用这种方法制作首页以外的其他幻灯片页面。

2.制作幻灯片的目录页。

目录页既能向演讲对象展示演讲的提纲,也可以帮助演讲者方便地选择不同的演讲内容。

(1)使用剪贴板操作将首页中图片复制到新插入的空白幻灯片中,调整好相对位置。

(2)使用上个任务中绘制图形对象的操作方法,按照图 7-16 所示,在新插入的幻灯片中绘制矩形,添加文本,并设置相应格式。

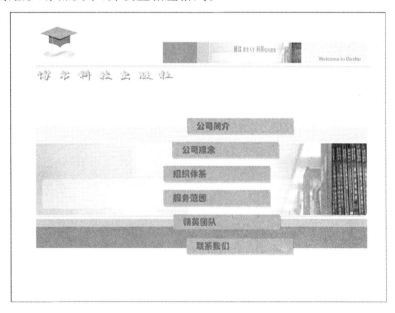

图 7-16　博书科技出版社介绍目录页示例

【步骤三】制作其他幻灯片页面。

按照光盘中提供的样例,使用上述介绍的操作技能,分别制作"公司简介"、"公司理念"、"服务范围"、"精英团队"和"联系我们"幻灯片页面。

【步骤四】使用 SmartArt 图形制作公司组织结构图。

注意 SmartArt 图形是 Office 2007 提供的用于组织幻灯片内容的图形框架,包含有流程图、列表图、层次结构图、关系图等 SmartArt 图形类别。使用 SmartArt 图形,用户可以快速、有效地组织幻灯片内容,而不用将大量时间花在绘制图形框架上。

(1)单击"插入"选项卡"插图"组中"SmartArt"功能按钮 ,打开"选择 SmartArt 图形"对话框,如图 7-17 所示。

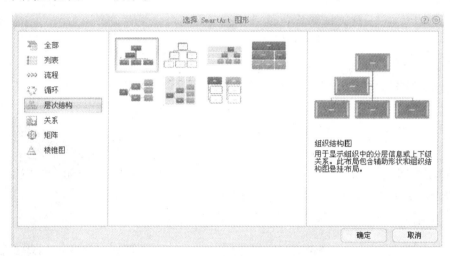

图 7-17 "选择 SmartArt 图形"对话框

(2)在对话框中,选择"层次结构"→"组织结构图"图形类别,单击"确定"按钮,在当前选定的幻灯片中将插入图形编辑模板,如图 7-18 所示。

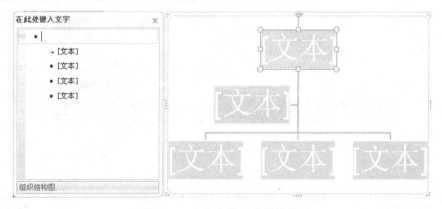

图 7-18 组织结构图编辑模板

 注意 用户可以方便地切换 SmartArt 图形类别,并且可以将文本内容自动带入到新切换的类别中。用户可以尝试不同类型的不同布局,直至找到一个最适合表达自己信息的布局为止。

（3）在左侧文本编辑窗格中输入图形中信息内容。输入完毕单击幻灯片其他位置即可完成 SmartArt 图形的编辑操作。

（4）添加组织结构图的下层形状。单击选定"管理部门"所在的形状，在"SmartArt 工具"→"设计"选项卡"创建图形"组中单击"布局"功能按钮 ，在下拉列表中选择"标准"布局样式，然后单击"添加形状"功能按钮 ，在下拉列表中选择"在下方添加形状"选项，在当前选定的形状正文中添加一个形状。重复该操作，按照图7-19所示，添加所有第三层形状，并输入相应文本内容。

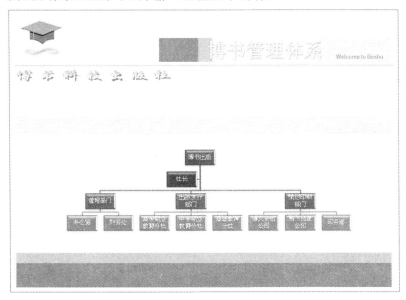

图 7-19　博书出版社管理体系结构图

（5）美化 SmartArt 图形。选定 SmartArt 图形，单击"SmartArt 工具"→"设计"选项卡"SmartArt 样式"组中的"更改颜色"功能按钮 ，在弹出的列表中选择"透明渐变范围—强调文字颜色 1"颜色类型。

选定 SmartArt 图形，单击"设计"选项卡"SmartArt 样式"组中的"其他"按钮 ，在弹出的列表中选择"优雅"三维效果。

【步骤五】在幻灯片中应用表格。

1.插入表格。

（1）在第 6 张（"服务范围"）幻灯片后插入一张新幻灯片，按照图 7-20 所示布置好相关图片与艺术字。

单击"插入"选项卡"表格"组中的"表格"功能按钮 ，在弹出的表格结构下拉列表中选择"插入表格"选项，输入表格的行数与列数，单击"确定"按钮，在当前幻灯片中插入表格。

（2）输入表格中的文本。

图 7-20 博书出版社效益表幻灯片示例

2.修改表格。

（1）设置表格样式。选定表格（或将插入点移至表格中），单击"表格工具"→"设计"选项卡"表格样式"组中的"中度样式 2—强调 1"表格样式。

（2）设置表格边框线。选定表格（或将插入点移至表格中），单击"表格工具"→"设计"选项卡"绘图边框"组中的线条样式按钮 ————— ，选择应用表格边框的线条样式，然后单击"设计"选项卡"表格样式"组中的边框样式按钮田，选择"所有框线"选项。

（3）设置斜线边框。选定左上角第一个单元格，单击"表格工具"→"设计"选项卡"表格样式"组中的边框样式按钮田，选择"斜下框线"选项，在第一个单元格中绘制一条斜线。

3.设置表格格式。

单击"布局"选项卡中的功能按钮，可以对表格的格式进行设置，包括添加/删除表格的行或列、合并或拆分单元格、调整单元格大小、设置对齐方式等。

插入表格的幻灯片效果如图 7-20 所示。

【步骤六】放映幻灯片。

1.启动幻灯片放映。

单击"幻灯片放映"选项卡"开始放映幻灯片"组中的"从头开始"功能按钮，即可开始放映幻灯片。

如果想停止幻灯片放映，可以按键盘上的 Esc 键，或者在幻灯片放映时单击鼠标右键，然后在弹出的快捷菜单中选择"结束放映"选项。

> 💡 **小技巧**　在放映幻灯片过程中，将鼠标指向屏幕左下角，将会显示一个"幻灯片放映"工具栏，用户使用该工具栏可以方便地控制幻灯片的放映。

2.放映时切换幻灯片。

在放映幻灯片过程中，单击左键可以切换到下张幻灯片；按键盘上的 PageUp 键可以转到上一张幻灯片；单击右键，然后在快捷菜单中选择"定位至幻灯片"选项可以转至指定的幻灯片。

 知识链接

1.管理幻灯片

在普通视图或幻灯片浏览视图中管理幻灯片非常方便。此时可以通过剪贴板或鼠标的拖动操作对幻灯片进行插入、复制、移动、删除等操作。

2.使用母版编辑幻灯片

如果用户需要在所有幻灯片中显示某个相同的信息，那么就可以使用母版来实现。母版中包含的信息与样式将会显示在所有应用该母版的幻灯片中。母版包括幻灯片母版、讲义母版和备注母版 3 种，编辑方法类似，设计幻灯片母版的操作步骤为：单击"视图"选项卡"演示文稿视图"组中的"幻灯片母版"功能按钮，屏幕将显示幻灯片母版编辑视图，如图 7-21 所示。在该视图下，用户可以像编辑一张幻灯片一样进行各种编辑与设计，设计完成后，单击"关闭母版视图"功能按钮 完成对母版的操作。

3.在幻灯片中应用图表

在幻灯片中可以使用图表，以更直观的形式展示公司的信息，如销售情况等。操作方法如下：

（1）选定要插入图表的幻灯片。

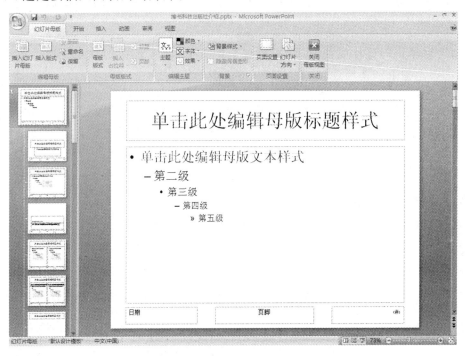

图 7-21　幻灯片母版编辑视图

（2）单击"插入"选项卡"插图"组中的"图表"功能按钮，系统将打开"插入图表"
对话框，在该对话框中选择需要的图表类型，系统将在当前幻灯片中插入图表，如
图 7-22所示。

图 7-22　插入图表后的幻灯片

（3）插入图表后，会同时显示一个与图表相关联的示例数据表，用户可以使用需要的
数据替换其中的数据，也可以使用 Excel 中已编辑好的数据表替换当前的示例数据表。

| 在 Excel 中选定图表后执行剪贴板的"复制"操作,然后在 PowerPoint 中选定要插入图表的幻灯片后执行剪贴板的"粘贴"操作,可以将 Excel 中的图表直接导入幻灯片中。 |

课堂练习

1.在上一任务实战训练基础上,完成制作个人简历介绍演示文稿,具体要求如下:

(1)内容包括:个人基本情况(姓名、性别、学历等)、学习与工作履历、特长、获奖情况、联系方式、感谢聆听等幻灯片页面。

(2)各幻灯片使用统一的风格。

(3)幻灯片中必须包括文字、图片、艺术字和自选图形。

以上要求为基本要求,同学们可以根据自己掌握知识的情况发挥自己的能力,添加其他的幻灯片的制作技术与效果。

2.使用模板制作一个介绍你所在学校的演示文稿,内容包括:首页、目录页、校训、校歌、学校管理机构、历届毕业生数(以图表形式表示)、联系方式等,要求使用母版在每页幻灯片的左上角放置学校的校徽。

任务三 增加演示文稿的多媒体效果

任务描述

在本任务中,主要完成以下内容的学习:

➢ 在演示文稿中插入声音   ➢ 在演示文稿中插入视频

➢ 在演示文稿中插入 Flash 动画

任务分析

本次任务将要在首页幻灯片中添加背景音乐,在演示文稿中添加一张新幻灯片并在幻灯片中插入出版社的介绍视频。插入影片和声音后的幻灯片会显得更加生动形象。本任务分为以下几个步骤进行:

➢ 为首页幻灯片添加背景音乐   ➢ 添加介绍视频

➢ 设置影片的播放方式   ➢ 插入 Flash 动画

任务实施

【步骤一】为首页幻灯片添加背景音乐。

（1）在普通视图下，显示要插入影片的首页幻灯片。

（2）单击"插入"选项卡"媒体剪辑"组中的"声音"功能按钮，在弹出的列表中选择"文件中的声音"选项，屏幕将弹出"插入声音"对话框。

（3）在对话框中选择光盘中提供的声音文件"You And Me. wma"，然后单击"确定"按钮，此时系统会弹出一个"如何开始播放声音"的提示框，单击"自动"按钮，让幻灯片在播放开始时声音随其自动播放，如图 7-23 所示。声音插入到幻灯片后，会显示一个表示该声音文件的声音图标。

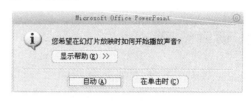

图 7-23　如何开始播放声音提示框

【步骤二】添加介绍视频。

（1）在第 3 张幻灯片（"公司简介"幻灯片）后，添加一张幻灯片。

（2）在普通视图下，选定新插入的幻灯片。

（3）单击"插入"选项卡"媒体剪辑"组中的"影片"功能按钮，在弹出的列表中选择"文件中的影片"选项，打开"插入影片"对话框。

（4）在"插入影片"对话框中选择要插入的影片文件名，然后单击"确定"按钮。

（5）此时系统会弹出一个类似图 7-23 所示提示框，单击"自动"按钮，让幻灯片在播放开始时视频随其自动播放。

（6）在插入影片的幻灯片中，将会显示一个影片对象，其中默认显示影片中第一帧图片，如图 7-24 所示。用户可以通过它调整影片对象的位置及大小。

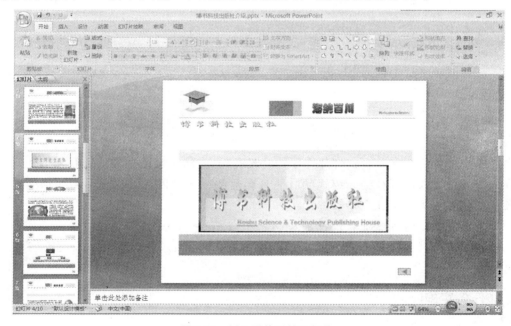

图 7-24　插入影片后的幻灯片

知识链接——设置声音对象选项

（1）在放映幻灯片时隐藏声音图标。在幻灯片中选定声音图标，窗口上方将显示"声音工具"的"选项"功能区，如图7-25所示。在"声音选项"组中选定"放映时隐藏"复选框，可以在放映幻灯片时不显示声音对象的小喇叭图标。

图7-25　"声音工具"的"选项"功能区

（2）设置插入的声音文件最大大小。默认状态下，如果声音文件大于100 KB，系统会自动将声音文件链接到文件，而不是嵌入文件。演示文稿链接到文件后，如果要在另一台计算机上播放此演示文稿，则必须在复制该演示文稿的同时复制它所链接的文件。用户可以在"选项"功能区调整"声音文件最大大小"右侧的数值，设置嵌入文件的大小。

> 💡 **小技巧**　　　如果要删除插入的声音，可以在选定声音图标后，按键盘上的 **Delete** 键。

【步骤三】设置影片的播放方式。

（1）设置全屏播放影片。在幻灯片中选定影片对象，窗口上方将显示"影片工具"的"选项"功能区，在"影片选项"组中选定"全屏播放"复选框，可以在放映幻灯片时全屏放映影片。

（2）设置循环播放影片。选择"循环播放，直到停止"复选框，可以重复放映影片，直到用户将其停止播放。

【步骤四】插入 Flash 影片。

用户可以使用 Shockwave Flash Object 的 ActiveX 控件在幻灯片中插入并播放 Flash 动画影片，以增强演示文稿的放映效果。操作步骤如下：

（1）单击"Office 按钮" ，在弹出的菜单窗口中单击"PowerPoint 选项"按钮，打开"PowerPoint 选项"对话框。

（2）在对话框的"常用"选项卡中选定"在功能区显示'开发工具'选项卡"复选框，然后单击"确定"按钮，此时在系统的功能区将显示"开发工具"功能选项卡。

（3）单击"开发工具"选项卡"控件"组中的"其他控件"按钮 ，打开"其他控件"对话框，如图7-26所示。

（4）在该对话框中选择"Shockwave Flash Object"选项，然后单击"确定"按钮。此时光标变为"十"字形状，再将该光标移动到幻灯片编辑区，画出合适的矩形区域，该区域就是播放动画的区域。

（5）使用鼠标右键单击该矩形区域，在弹出的快捷菜单中选择"属性"选项，打开

"属性"对话框,如图 7-27 所示。

图 7-26 "其他控件"对话框

图 7-27 Flash 属性对话框

（6）在"Movie"属性右侧的文本框中输入 Flash 动画影片文件的完整路径,这样就将 Flash 动画插入到幻灯片中了。

 注意　如果要在放映幻灯片的同时自动播放 **Flash** 动画,应将"**Playing**"属性设置为"**True**"。

课堂练习

设计并编辑一个电影简介演示文稿,具体要求如下:

（1）通过网络下载一个你喜爱的电影及电影的文字介绍、主题歌曲等。

（2）制作演示文稿的首页并在首页插入电影的主题歌曲。

（3）制作电影的其他文字介绍幻灯片,可适当插入从电影中截取的图片渲染效果。

（4）使用多媒体软件编辑电影剪辑,电影剪辑播放时间控制在 3～5 分钟内。

（5）在演示文稿适当位置插入电影剪辑。

任务四　设置演示文稿的放映效果

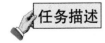

在本任务中,主要完成以下内容的学习:

➢ 设置幻灯片中对象的自定义动画效果

➢ 设置幻灯片在播放时的切换效果

➢ 通过设置超链接或动作按钮实现幻灯片间的跳转

➢ 通过打包幻灯片实现在没有安装 PowerPoint 环境的计算机中播放演示文稿

➢ 打印幻灯片

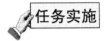

本次任务将通过设置自定义动画、幻灯片的切换效果、超链接、动作按钮等效果，增强演示文稿的放映效果。本任务分为以下几个步骤进行：

➢ 设置幻灯片中对象的动画效果   ➢ 设置幻灯片之间的切换效果

➢ 使用超链接   ➢ 添加动作按钮

【步骤一】设置幻灯片中对象的动画效果。

1.添加进入动画效果。

（1）打开"博书科技出版社介绍.pptx"演示文稿，选定目录页幻灯片。

（2）选定幻灯片中间的图形对象，单击"动画"选项卡"动画"组中的"自定义动画"功能按钮 ，打开"自定义动画"任务窗格，如图7-28所示。

（3）单击"自定义动画"任务窗格中"添加效果"按钮 ，在弹出的下拉列表中选择"进入"→"其他效果"选项，系统将弹出"添加进入效果"对话框，如图7-29所示。

图7-28 "自定义动画"窗格

图7-29 "添加进入效果"对话框

（4）在"添加进入效果"对话框中从"细微型"选项组中选择"展开"选项，然后单击"确定"按钮，即可为选中的图形对象添加进入时的动画效果。

（5）此时在"自定义动画"任务窗格的列表框中添加了一个表示该动画效果的选项，在该对话框中的"开始"和"速度"设置项中可以设置动画开始条件和动画播放速度。

	自定义动画的开始方式包括:
💡 **注意**	"单击时",选择该项,当幻灯片放映到该对象时,用户必须单击左键才开始播放动画。 "之前",选择该项,则当前对象动画与前一个对象动画同时播放。 "之后",选择该项,则当前对象动画在前一个对象动画播放完成后播放。

(6)选中幻灯片中的其他对象,按照示例分别设置动画效果。

(7)按照示例,分别为其他幻灯片中的对象设置必要的动画效果,设置完成后保存文稿。

2.编辑动画效果。

(1)编辑动画效果属性。在幻灯片中选定设置有动画效果的对象,此时在"自定义动画"任务窗格的列表框中相应动画效果选项会自动被选定,单击其右侧箭头按钮，在弹出的下拉列表中选择"效果选项",系统将弹出相应动画的"效果选项"对话框,如图 7-30 所示。在该对话框中,用户可以对动画效果进一步进行设置,包括动画播放时的声音等。

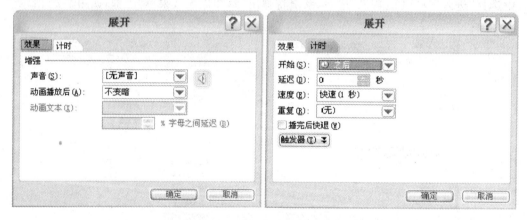

图 7-30 动画的"效果选项"对话框

(2)更改动画播放顺序。默认状态下,系统按添加动画的先后顺序播放动画效果,在普通视图下,幻灯片中播放动画的对象上有标注编号的标记。用户要改变对象的动画播放顺序,可以在"自定义动画"任务窗格的下部,通过单击 ⬆ 重新排序 ⬇ 左右的按钮进行调整。

(3)删除动画效果。在"自定义动画"任务窗格的列表框中选定动画效果选项,单击其右侧箭头按钮，在弹出的下拉列表中选择"删除"选项。

【步骤二】设置幻灯片之间的切换效果。在放映演示文稿过程中,从一张幻灯片切换到另一张幻灯片时,可以设置不同切换效果以增强播放效果。操作方法如下:

（1）打开"博书科技出版社介绍.pptx"演示文稿，选定首页幻灯片。

（2）单击"动画"选项卡"切换到此幻灯片"组中"其他"按钮 ，打开切换样式列表窗格，如图7-31所示。

图7-31　幻灯片切换样式窗格

（3）在样式列表窗格中单击选择"从内到外水平分割"切换样式，然后单击"全部应用"功能按钮，将切换效果应用于演示文稿的所有幻灯片。

注意　如果用户想对演示文稿中的每页幻灯片设置不同的切换效果，可以依次选定每一张幻灯片，再依次对其进行切换效果的设置。在设置时不能单击"全部应用"功能按钮。

【步骤三】使用超链接。

（1）打开"博书科技出版社介绍.pptx"演示文稿，在目录页幻灯片中选定"公司简介"图形对象。

（2）单击"插入"选项卡"链接"组中的"超链接"功能按钮 ，打开"插入超链接"对话框，如图7-32所示。

（3）在对话框左侧"链接到"区域单击选定"本文档中的位置"，然后在"请选择文档中的位置"列表中选择幻灯片标题为"幻灯片3"，最后单击"确定"按钮，完成一个超链接的插入。

（4）使用同样操作方法，为目录页中"公司理念"等其他图形对象建立相应的超链接。

图 7-32　"插入超链接"对话框

【步骤四】添加动作按钮。

为了便于浏览和放映，可以在幻灯片中添加一些动作按钮，从而实现幻灯片之间的手动跳转。

（1）打开"博书科技出版社介绍.pptx"演示文稿，选定"公司简介"幻灯片。

（2）单击"插入"选项卡"插图"组中"形状"功能按钮，系统将弹出形状列表窗格，如图 7-5 所示。

（3）在"动作按钮"组中单击选择"后退或前一项"动作按钮，然后在幻灯片的相应位置按下鼠标左键并拖动鼠标，绘制出一个矩形按钮，释放鼠标按键，此时系统将弹出"动作设置"对话框，如图 7-33 所示。

图 7-33　"动作设置"对话框

（4）单击"超链接到"下方的下拉列表右侧箭头，在弹出的列表中选择"幻灯片……"选项，然后在弹出的幻灯片列表中选择"幻灯片 2"（即目录页幻灯片）并单击"确定"按钮，将该动作按钮超链接到第 2 张幻灯片上。

（5）最后在"动作设置"对话框中单击"确定"按钮，完成动作按钮的设置。

（6）使用同样的方法，在其他幻灯片中添加相应的动作按钮。

知识链接

1.打包演示文稿

打包不仅能自动检测演示文稿中的链接文件及路径，而且可以自动创建相应的文件夹，并将这些文件复制到文件夹中。打包的一个重要作用是可以使得演示文稿在没有安装 PowerPoint 环境的计算机中仍然可以正常播放。打包演示文稿的操作步骤如下：

（1）打开"博书科技出版社介绍.pptx"演示文稿。

（2）单击"Office 按钮"，在弹出的菜单中选择"发布"→"CD 数据包"选项，此时会显示一个关于打包说明的提示对话框，单击提示对话框中的"确定"按钮，将显示"打包成 CD"对话框，如图 7-34 所示。

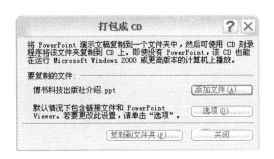

图 7-34　"打包成 CD"对话框

（3）单击该对话框中的"复制到文件夹"按钮，系统将弹出"复制到文件夹"对话框，如图 7-35 所示。在此对话框中输入打包后的文件夹名，并选择文件夹的位置，最后单击"确定"按钮，即可开始对演示文稿进行"打包"操作。

图 7-35　"复制到文件夹"对话框

（4）"打包"操作完成后，单击"打包成CD"对话框中的"关闭"按钮。

（5）打包成功后，双击运行打包文件夹"博书科技出版社介绍"中的"play"或"PPTVIEW"文件，即可开始放映演示文稿。

2.打印演示文稿

单击"Office 按钮"，在弹出的菜单中选择"打印"→"打印"选项，此时会显示"打印"对话框，在该对话框中进行打印的相关设置，然后单击"确定"按钮进行打印。

课堂练习

1.在前面制作的个人简历演示文稿中，使用自定义动画、幻灯片切换效果、超链接和动作按钮等技术增强演示文稿的放映效果，并将演示文稿打包。

2.请收集你家乡的相关资料，设计并制作一个介绍你家乡的演示文稿，幻灯片页面控制在20页以内。

思考与练习

一、填空题

1.PowerPoint 2007 演示文稿文件的扩展名是_____；模板文件的扩展名为_____。

2.在 PowerPoint 2007 窗口的状态栏中，显示"幻灯片 3/10"，表示该演示文稿共有_____张幻灯片，当前为第_____张。

3.在选定了矩形形状后，按住_____键的同时按住鼠标左键拖动鼠标可以绘制正方形；要退出正在播放的幻灯片，可以按_____键。

4.在新插入幻灯片的占位符以外输入文字，应先插入一个_____，然后再在其中输入文字内容。

5.演示文稿打包成功后，双击运行打包文件夹中的_____或_____文件，即可开始放映演示文稿。

6.自定义动画的开始方式包括_____、_____和_____。

7.在 PowerPoint 2007 中，插入艺术字应选择"插入"选项卡中的_____组中"艺术字"功能按钮；设置艺术字的样式可以在选定艺术字后，在"绘图工具"的_____功能选项卡中进行选择。

8.在介绍公司产品的演示文稿中，如果希望公司的徽标出现在所有幻灯片中，则可以将其加入到_____中。

9.在放映幻灯片时隐藏声音图标，应在幻灯片中选定声音图标，然后在"声音工具"的"选项"功能区的_____组中进行操作。

10.在 PowerPoint 2007 编辑状态下，选定全部幻灯片应按组合键_____。

二、判断题(在每小题题后的括号内,正确的打"√",错误的打"×")

1.演示文稿是由幻灯片、备注页、讲义页和大纲页等组成的文件,其核心是幻灯片。　　　　　　　　　　　　　　　　　　　　　　　　　　　　　　　（　　　）

2.利用"内容提示向导"创建演示文稿时,在任何一步都可以单击"完成"按钮,完成演示文稿的创建。　　　　　　　　　　　　　　　　　　　　　　　　（　　　）

3.设计模板包含预定义的格式和配色方案,可以使演示文稿具有一致的外观。　　　　　　　　　　　　　　　　　　　　　　　　　　　　　　　　　（　　　）

4.幻灯片中不仅可以插入剪贴画,还可以插入外部的图片文件。　（　　　）

5.在演示文稿中,不可以直接将 Excel 创建的图表插入到幻灯片中。（　　　）

6.幻灯片背景设置好后,通过重新设置可以改变背景。　　　　　（　　　）

7.母版是一类特殊的幻灯片,它控制着演示文稿中幻灯片的格式,它的变化会导致对应幻灯片的格式发生变化。　　　　　　　　　　　　　　　　　　　（　　　）

8.演示文稿打包后,可以在未安装 PowerPoint 2007 应用程序的计算机上运行。　　　　　　　　　　　　　　　　　　　　　　　　　　　　　　　　　（　　　）

9.PowerPoint 2007 工具栏在 PowerPoint 2007 窗口内部,可以使用鼠标进行拖动。　　　　　　　　　　　　　　　　　　　　　　　　　　　　　　　（　　　）

10.同时选中几个演示文稿文件一次可以全部打开。　　　　　　（　　　）

11.只有在普通视图中才能插入新幻灯片。　　　　　　　　　　（　　　）

12.在 PowerPoint 2007 中不能插入 Flash 动画。　　　　　　（　　　）

三、单项选择题(在备选答案中选择一个正确答案)

1.演示文稿与幻灯片两个概念的关系是（　　　）。

A.在演示文稿中包含若干张幻灯片

B.在幻灯片中包含若干张演示文稿

C.演示文稿和幻灯片均可单独保存为文件

D.演示文稿与幻灯片是相同的概念

2.在"图片工具"下的（　　　）组中可以对图片进行添加边框操作。

A.图片样式　　　　　B.调整　　　　　C.大小　　　　　D.排列

3.在幻灯片浏览窗格中,单击（　　　）选项卡"幻灯片"组中"新建幻灯片"功能按钮可以插入一张新幻灯片。

A."开始"　　　　　B."插入"　　　　　C."设计"　　　　　D."视图"

4.设置幻灯片母版,可以起到（　　　）的作用。

A.统一图片内容　　　　　　　　　　B.统一页码内容

C.统一标题内容　　　　　　　　　　D.统一整个演示文稿风格

5.在 PowerPoint 2007 浏览视图中,用户不能进行的操作是（　　　）。

A.删除幻灯片　　　　　　　　　　　B.改变幻灯片的位置

C.编辑幻灯片中内容　　　　　　　　D.插入新幻灯片

6. 在放映幻灯片过程中，默认状态下单击左键可以切换到下张幻灯片，要转到上一张幻灯片可以按键盘上的（　　）键。

    A. Home   B. End   C. PageUp   D. PageDown

7. 在 PowerPoint 2007 中，超级链接所链接的目标，不能是（　　）。

    A. 一个网址   B. 同一演示文稿中某一张幻灯片

    C. 其他应用程序   D. 幻灯片中的某一个对象

8. 在 PowerPoint 2007 中，下列关于幻灯片背景的叙述不正确的是（　　）。

    A. 可以为幻灯片设置不同的颜色、图案的背景

    B. 可以使用图片作为幻灯片背景

    C. 可以为单张幻灯片进行背景设置

    D. 不可以同时对所有幻灯片设置同样的背景

9. 在 PowerPoint 中，下列叙述不正确的是（　　）。

    A. 可以动态显示文本和对象   B. 可以更改动画对象的出现顺序

    C. 图表中的元素不可以设置动画效果   D. 可以设置幻灯片切换效果

10. 要设置幻灯片放映的时间，应使用（　　）。

    A. 观看放映   B. 排练计时   C. 录制旁白   D. 设置放映方式

四、项目实训题

1. 请你收集 Microsoft Office 2007 的相关资料，制作一个介绍 Microsoft Office 2007 的演示文稿。

2. 请你收集联想智能手机的相关资料，制作一个介绍联想智能手机的演示文稿。

3. "仁者乐山，智者乐水"，我国的黄山有着丰富的旅游资源，请你收集黄山的相关资料，制作一个介绍黄山旅游景点的演示文稿。

参考文献

［1］吴淑雷,陈焕东,宋春晖. 计算机应用基础［M］. 北京:高等教育出版社,2009.

［2］李金明,李金荣. 中文版 Photoshop CS5 完全自学教程［M］. 北京:人民邮电出版社,2010.

［3］张成叔. 计算机应用基础［M］. 北京:中国铁道出版社,2009.

［4］易慧. 计算机应用基础［M］. 北京:中国传媒大学出版社,2010.

［5］许兆华. 医学计算机应用基础［M］. 长沙:国防科技大学出版社,2012.

［6］甘登岱. 快乐驿站:Word 综合应用零起点［M］. 北京:航空工业出版社,2008.

［7］刘晓川. 计算机组成与工作原理［M］. 北京:电子工业出版社,2012.

［8］于彤彤. 大学计算机应用基础［M］. 长春:东北师范大学出版社,2012.

［9］王剑云. 计算机应用基础［M］. 北京:清华大学出版社,2012.

［10］张仁斌. 计算机病毒与反病毒技术［M］. 北京:清华大学出版社,2006.